पास्कल

किशोर ज्ञान-विज्ञान माला

पास्कल

गुणाकर मुळे

राजकमल प्रकाशन
नयी दिल्ली पटना

ISBN : 978-81-267-0877-2

मूल्य : ₹ 75

राजकमल, पहला संस्करण : 2004
पहली आवृत्ति : 2009
दूसरी आवृत्ति : 2012

प्रकाशक : राजकमल प्रकाशन प्रा. लि.
1-बी, नेताजी सुभाष मार्ग
नई दिल्ली-110 002

शाखाएँ : अशोक राजपथ, साइंस कॉलेज के सामने, पटना-800 006
पहली मंजिल, दरबारी बिल्डिंग, महात्मा गांधी मार्ग, इलाहाबाद-211 001

वेबसाइट : www.rajkamalprakashan.com
ई-मेल : info@rajkamalprakashan.com

आवरण : राजकमल स्टूडियो

मुद्रक : बी.के. ऑफसेट
नवीन शाहदरा, दिल्ली-110 032

PASCAL
by Gunakar Muley

अपनी बात

कई महान गणितज्ञों का जीवन बड़ा ही विचित्र रहा है। महान भारतीय गणितज्ञ श्रीनिवास रामानुजन् (1887-1920 ई.) का बचपन अभावों में गुजरा, इंटर की परीक्षा में दो बार फेल हुए, स्वदेश में उनकी प्रतिभा को पहचाना नहीं गया, फिर भी 32 साल की अल्पायु में इतना कुछ कर गए कि आज उन्हें "गणितज्ञों का गणितज्ञ" माना जाता है।

ब्लेझ पास्कल (1623-1662 ई.) भी ऐसे ही एक महान गणितज्ञ हुए, फ्रांस में, न्यूटन के पहले। सामान्यतः हम मान लेते हैं कि स्वस्थ शरीर में ही स्वस्थ मस्तिष्क निवास करता है। लेकिन पास्कल जीवन-भर अजीर्ण और अनिद्रा से पीड़ित रहे। फिर भी, 39 वर्ष की अल्पायु में गणित के क्षेत्र में इतना मौलिक कार्य कर गए कि आज उन्हें, न केवल फ्रांस का, अपितु संसार का एक महान गणितज्ञ माना जाता है।

बालक पास्कल की शिक्षा घर पर ही हुई, पिता की देखरेख में। वह इतने प्रतिभाशाली थे कि 12 वर्ष की आयु में, किसी की सहायता के बिना, स्वयं ही यूक्लिड की ज्यामिति के कई प्रमेयों को सिद्ध कर डाला। इसमें वह प्रमेय भी शामिल था, जिसके

अनुसार त्रिभुज के तीन भीतरी कोणों का योग दो समकोणों के बराबर होता है। फिर, 16 साल के अस्वस्थ पास्कल ने 'रहस्यमय षड्भुज' जैसे अद्भुत प्रमेय की सृष्टि करके गणित में 'प्रक्षेप ज्यामिति' नामक एक नई शाखा की नींव डाली।

गणित को पास्कल की एक और महान देन है—संभाविता-सिद्धांत। ताश के पत्तों के खेल से उपजे सवालों को हल करने के प्रयासों में इस सिद्धांत का जन्म हुआ था। आज संभाविता-सिद्धांत एक अत्यंत महत्वपूर्ण विषय बन गया है; यह सिद्धांत प्रकृति की लीलाओं के मूल में पैठा हुआ है।

पास्कल ने एक ओर शुद्ध गणित के क्षेत्र में महान आविष्कार किए, तो दूसरी तरफ 'गणक-यंत्र' और 'बैरोमीटर' जैसे उपयोगी यांत्रिक आविष्कार भी किए।

विचित्र बात यह है कि पास्कल ने अपने अल्प जीवन के अंतिम 8 वर्ष गणित को पूर्णतः त्यागकर एक ईसाई मठ में गुजारे! इन आठ वर्षों में उन्होंने गणित को केवल 8 दिन दिए और उस दौरान 'ज्यामिति की हेलेन' नामक एक अद्भुत वक्र के अनेक गुणधर्म खोज निकाले।

चालीस साल पहले लिखी गई यह पुस्तक तीन बार छपने के बाद पिछले कई सालों से अप्राप्य थी। अब मैंने इसे दोबारा लिखा, इसमें नई सामग्री का समावेश किया और अनेक नए चित्र जोड़े। पुस्तक की कंप्यूटर-सज्जा का श्रेय राजकमल के श्री नरेश कुमार को है।

आशा है, विज्ञान के विद्यार्थी, और अध्यापक भी, "पास्कल" के इस नए संशोधित संस्करण को प्रेरणाप्रद और उपयोगी पाएंगे।

'अमरावती' —गुणाकर मुळे
सी-210, पांडव नगर, दिल्ली - 110092
20 जनवरी, 2004

खेल-खेल में...

तुम्हारे माता-पिता तुमसे कहते होंगे : ताश खेलना अच्छी बात नहीं है; ताश खेलने में समय गंवाने से तो अच्छा है कि कोई अच्छी पुस्तक पढ़ो।

और शायद इसीलिए तुमने यह पुस्तक हाथ में ली है।

लेकिन यहां पर मैं तुम्हें ताश के बारे में ही बताने जा रहा हूं। फर्क सिर्फ इतना है कि तुम्हारे हाथ में ताश के पत्ते नहीं दिए जाएंगे, एक किस्सा सुनाया जाएगा। इसे भी उसी प्रकार ध्यान से सुनना, जिस प्रकार ताश खेलते हो।

यह एक ऐसा किस्सा है जिसने गणित में एक

बहुत बड़े आविष्कार को जन्म दिया–'संभाविता सिद्धांत' के आविष्कार को। ताश के खेल के एक सवाल को लेकर एक गणितज्ञ ने बहुत ही महत्व के एक नए सिद्धांत की खोज कर डाली !

जानते हो उस गणितज्ञ का नाम क्या था ? उसका नाम था :

ब्लेझ पास्कल।

लेकिन तुम तो किस्सा सुनने के लिए उतावले हो रहे हो। लो सुनो :

1

यूरोप में फ्रांस नाम का एक देश है।

घटना सन् 1654 की है। वहां पर जुआ खेलने के लिए खास जगहें होती थीं, आज भी हैं, जिन्हें 'कासिनो' कहते हैं। बड़े-बड़े धनी लोग इन कासिनो में आकर जुआ खेलते थे। उन जुआरियों में एक का नाम था – कवेलिए द मेरे।

एक दिन की बात है। कवेलिए द मेरे और उसका एक मित्र ताश खेलने बैठ गए। खेल शुरू करने के पहले दोनों में एक करार हुआ।

जानते हो कौन-सा करार ?

उन दोनों ने आपस में तय किया कि दांव पर दोनों मिलकर 120 लीरे (यह फ्रांस देश का उस समय का एक सिक्का है) लगाएंगे। जो कोई भी पहले 3 पॉइंट बना लेगा, वही पूरा दांव जीत जाएगा।

खेल शुरू हुआ। खेलते-खेलते मेरे ने 2 पॉइंट बना लिए और उसके मित्र ने 1 पॉइंट। तभी किसी कारण उन्हें खेल बंद कर देना पड़ा।

अब प्रश्न है : दांव के 120 लीरों को वे आपस

फ्रांस का पुराने जमाने का एक जुआघर (कासिनो)। जुए के ऐसे ही माहौल से गणित के 'संभाविता-सिद्धांत' का जन्म हुआ।

में कैसे बांटें ?

तुम कहोगे, इसमें कौन-सी बड़ी बात है ? मेरे ने उसके मित्र से दोगुने पॉइंट बनाए हैं, इसलिए मेरे को 80 लीरे मिलने चाहिए और मित्र को 40 लीरे।

यह तो हुई समझौते की बात। लेकिन मान लो कि वे अगला पॉइंट भी खेलते हैं। अगला पॉइंट भी यदि मेरे ही जीतता है, तो दांव की पूरी रकम उसकी हो जाएगी। लेकिन उसका मित्र जीतता है, तो दोनों के पॉइंट समान – यानी 2-2 –

हो जाएंगे, और उन्हें दांव को दो बराबर हिस्सों में बांट लेना होगा। अतः मेरे को किसी भी हालत में 60 लीरे तो मिलते ही हैं।

लेकिन मान लो कि दोनों खिलाड़ी शुरू में किए गए अपने करार पर कायम रहना चाहते हैं। ऐसी स्थिति में, दांव बंद कर देने पर, शेष एक पॉइंट के लिए आधी 'संभावना' यह रहती है कि दांव मेरे जीतेगा, और आधी 'संभावना' यह कि उसके मित्र के ही 2 पॉइंट हो जाएंगे। यदि मेरे के हिस्से में इस 'आधी संभावना' पर विचार किया जाए, तो शेष 60 लीरों में भी मेरे का आधा हिस्सा रहेगा। इस प्रकार मेरे के हिस्से में 90 लीरे आएंगे और उसके मित्र के हिस्से में 30 लीरे।

सवाल की कठिनाई तुम्हारी समझ में आ गई होगी। है

न कठिन पहेली ? 'संभावना', 'आधी संभावना' जैसे शब्दों ने तो तुम्हें और भी चक्कर में डाल दिया होगा। है न ?

तुम्हें ही नहीं, कवेलिए द मेरे को भी इस सवाल ने बहुत परेशान किया। उसे जब इसका कोई हल न मिला, तो उसे अपने गणितज्ञ-मित्र की याद आई। अपने गणितज्ञ-मित्र को एक पत्र लिखकर कवेलिए ने यही सवाल उनके सामने रखा।

जानते हो उस गणितज्ञ का नाम क्या था ?

उसका नाम था : **ब्लेज़ पास्कल**।

तुम जानना चाहोगे कि पास्कल ने उस सवाल का क्या हल खोजा। यहां पर मैं तुम्हें केवल इतना बताए देता हूं कि उस सवाल का हल ढूंढते-ढूंढते पास्कल ने गणित में एक नया सिद्धांत खोज निकाला, जिसे आज हम 'संभाविता-सिद्धांत' या 'प्रायिकता का सिद्धांत' (थ्योरी ऑफ प्रोबेबिलिटी) कहते हैं।

इस सिद्धांत के बारे में तुम्हें आगे बताया जाएगा। लो, पहले पास्कल के बारे में सुन लो ...

2

आइजेक न्यूटन का नाम तुमने अवश्य सुना है। गुरुत्वाकर्षण के नियम की खोज न्यूटन ने ही की थी। इनका जन्म सन् 1642 में इंग्लैंड में हुआ था। शायद तुमने रेने दकार्त का भी नाम सुना हो। वह फ्रांस देश के प्रसिद्ध दार्शनिक एवं गणितज्ञ थे। उन्होंने 'निर्देशांक ज्यामिति' नामक एक नए गणित की नींव डाली। उनका जन्म सन् 1596 में हुआ था।

दकार्त के जन्म के 27 वर्षों बाद और न्यूटन के जन्म के 19 वर्ष पहले, फ्रांस के क्लेरमां-फेरां नामक स्थान पर 19 जून, 1623 को बालक ब्लेझ पास्कल का जन्म हुआ।

ब्लेझ के पिता का नाम था : एतियेन पास्कल। वे क्लेरमां की अदालत में सरकारी वकील थे। उस समय फ्रांस के सुसंस्कृत लोगों में उनकी गणना होती थी। वे गणित के भी अच्छे जानकार थे। ब्लेझ की माता का नाम था : आंतोनीता बेगां । लेकिन बालक ब्लेझ को बहुत दिनों तक अपनी माता का प्यार नहीं मिल पाया। सच तो यह है कि उसे अपनी माता की

कोई याददाश्त ही नहीं थी।

जानते हो इसका कारण ? ब्लेझ जब चार साल का था तभी उसकी माता का स्वर्गवास हो गया था।

लेकिन ब्लेझ को प्यार करने और उसका खयाल रखनेवाली उसकी दो बड़ी बहनें थीं। एक का नाम था गिलबर्ते, जो विवाह के बाद मैडम पेरियर हो गई। दूसरी का नाम था : जेकलीन। दोनों बहनें खूबसूरत थीं, बुद्धिमान थीं। ब्लेझ पास्कल के जीवन-निर्माण में इन दोनों बहनों का विशेष हाथ है, खासकर जेकलीन का।

तुम ब्लेझ के बचपन के बारे में जानना चाहोगे। ठीक है न ? अच्छा तो सुनो।

उस समय यूरोप के सभ्य देशों में बच्चों को शुरू से ही लैटिन, ग्रीक जैसी प्राचीन भाषाएं पढ़ाई जाती थीं। साथ ही दर्शनशास्त्र, गणित आदि कठिन विषय भी पढ़ाए जाते थे। उस समय आज-जैसे स्कूलों की व्यवस्था नहीं थी। इसलिए बड़े घरों के लड़कों की शिक्षा के लिए खास शिक्षकों की व्यवस्था की जाती थी।

बालक पास्कल में विलक्षण प्रतिभा थी। किसी भी बात को एक बार बता देने पर वह बात उसकी समझ में आ जाती थी और चित्र की तरह वह उसके दिमाग में स्थिर हो जाती थी। ब्लेझ के पिता पढ़े-लिखे आदमी थे। इसलिए अपने पुत्र की पढ़ाई की जिम्मेदारी उन्होंने अपने ऊपर ही ले ली।

ब्लेझ कुशाग्र बुद्धि का तो था, किंतु उसमें एक कमी थी। जानते हो किस बात की कमी ? प्रकृति की ओर से बुद्धि का

हिस्सा तो उसे काफी अधिक मिला था, किंतु स्वास्थ्य का बहुत कम। ब्लेझ का स्वास्थ्य बहुत खराब रहता था। कमजोर होने पर भी ब्लेझ पढ़ाई में बड़ी मेहनत करता था। पिता ने सोचा : बेटे को यदि अभी से गणित पढ़ाया गया, तो वह उसी में रम जाएगा और अपने स्वास्थ्य को चौपट कर लेगा। इसलिए पिता ने जान-बूझकर ब्लेझ को गणित से अलग रखा।

तुम जानते ही हो कि किसी बच्चे से कोई बात गुप्त रखने का यदि बार-बार प्रयत्न किया जाए तो उस पर क्या असर होता है ? उस बालक के मन में उसी बात को लेकर प्रश्न पैदा होने लगते हैं।

बालक पास्कल भी कुछ दिनों के बाद सोचने लगा : पिताजी मुझे ग्रीक पढ़ाते हैं, लैटिन पढ़ाते हैं, साहित्य पढ़ाते हैं, लेकिन गणित क्यों नहीं पढ़ाते ? जरूर उसमें कोई खास बात होनी चाहिए।

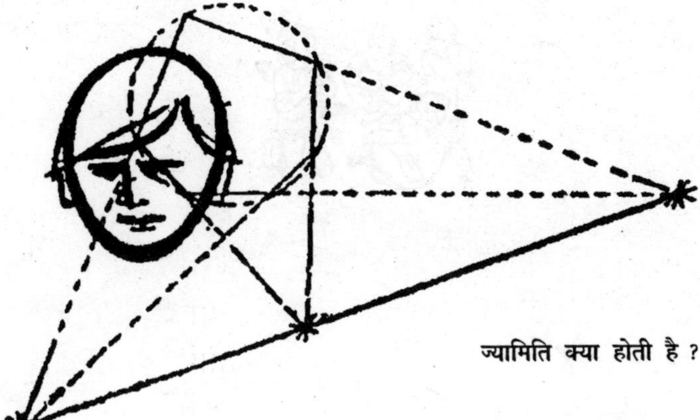

ज्यामिति क्या होती है ?

और, एक दिन वह अपने पिता से पूछ ही बैठा : "पिताजी, ज्यामिति क्या होती है ? उसमें क्या-क्या होता है ?"

आखिर पिता को बताना पड़ा। बांध फूट पड़ा। उन्होंने अपनी पहली ही चर्चा में ज्यामिति का ऐसा रोचक परिचय दिया कि बालक पास्कल पर उसका गहरा असर हुआ – इतना गहरा असर कि वह सब कुछ छोड़कर ज्यामिति के पीछे हाथ धोकर पड़ गया। उस वक्त पास्कल की आयु कुल 12 वर्ष थी।

उसके बाद जो कुछ हुआ वह पास्कल के जीवन में, और गणित के भी इतिहास में, एक अनोखी घटना है। इतनी अनोखी घटना कि एकाएक विश्वास ही नहीं होता।

3

स्कूल में तुम ज्यामिति के प्रमेयों को पढ़ते हो। प्रमेय को काफी सोच-विचारकर तर्कबुद्धि से सिद्ध करना होता है। ज्यामिति की पुस्तक में बताया जाता है कि प्रमेयों को किस तरह सिद्ध करना चाहिए।

क्या तुमने कभी सोचा है कि ज्यामिति के इन प्रमेयों की खोज पहले-पहल किसने की और कब की ?

आज से ढाई-तीन हजार साल पहले ज्यामिति के कई प्रमेयों की खोज मिस्र, मेसोपोटामिया (आज का इराक), चीन और भारत में हो चुकी थी। आज से लगभग ढाई हजार साल पहले रची गईं हमारे देश की "शुल्वसूत्र" नामक पुस्तकों में ज्यामिति के कई नियम देखने को मिलते हैं।

फिर ईसा पूर्व 300 के आसपास, यानी आज से करीब 2300 साल पहले, अलेक्जेंड्रिया (सिकंदरिया, मिस्र) के प्रसिद्ध गणितज्ञ यूक्लिड ने उस समय तक ज्ञात सारे ज्यामितीय ज्ञान को एक पुस्तक में संगृहीत किया। इस पुस्तक का नाम है : 'एलिमेंट्स' यानी 'मूलतत्व' (ज्यामिति के मूलतत्व)। यह पुस्तक यूनानी

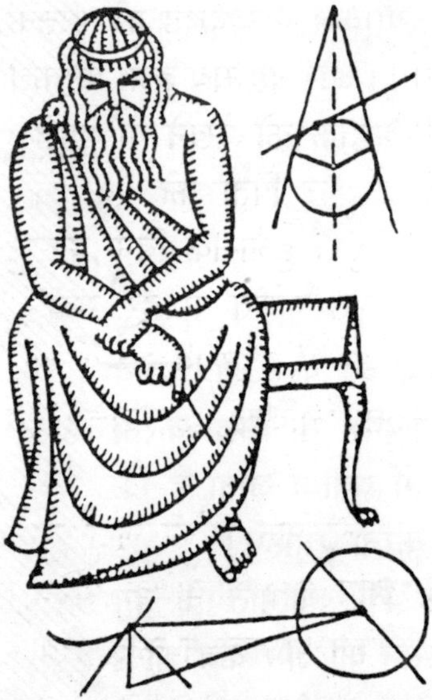

यूक्लिड (लगभग 300 ई.पू.)

भाषा में है। आज तुम्हें जो ज्यामिति पढ़ाई जाती है, वह काफी हद तक इसी पुस्तक का संशोधित रूप है।

तो, तुम्हें अपनी ज्यामिति की पुस्तक का एक प्रमेय याद होगा। बड़े महत्व का प्रमेय है। जानते हो कौन-सा प्रमेय ? लो सुनो :

"किसी भी त्रिभुज के तीन अंतर्कोणों (भीतरी कोणों) का जोड़ दो समकोण (या 180^0) के बराबर होता है।"

इस प्रमेय को सिद्ध करना तुम भूल गए हो तो अपनी ज्यामिति की पुस्तक निकालकर फिर से देख लो।

तुममें से कोई ऐसा भी होगा जो कहेगा : "पुस्तक निकालने की क्या जरूरत ? मैं तो इसे खुद ही सिद्ध कर लूंगा।" यह तो बड़ी प्रशंसा की बात होगी।

बालक पास्कल ने ऐसा ही किया। पिता से ज्यामिति के बारे में सुनने के बाद वह सब कुछ छोड़कर इसी के पीछे पड़ गया। किसी पुस्तक की सहायता के बिना, स्वयं अपनी बुद्धि से, 12 साल के पास्कल ने सिद्ध कर दिया कि : त्रिभुज के तीनों अंतर्कोणों का जोड़ दो समकोणों के बराबर होता है।

केवल यही एक प्रमेय नहीं। पास्कल ने यूक्लिड की पुस्तक के और भी कई प्रमेय खोज निकाले। और यह सब हुआ पास्कल की अपनी बुद्धि से, यूक्लिड की पुस्तक को देखने के पहले !

पुत्र की विलक्षण बुद्धि को देखकर पिता को एक ओर बड़ी खुशी हुई, तो दूसरी ओर बड़ा दुःख हुआ कि बिना कारण ही उन्होंने ब्लेझ को इतने दिनों तक गणित से दूर रखा।

पिता ने बेटे को ज्यामिति के बारे में बहुत-सी जरूरी बातें समझाईं। फिर उन्होंने ब्लेझ के लिए यूक्लिड के 'एलिमेंट्स' की एक प्रति ला दी।

फिर क्या था। ब्लेझ रात-दिन ज्यामिति में ही जुटा रहने लगा। स्वास्थ्य तो पहले से ही खराब था। अत्यधिक परिश्रम से और भी अधिक बिगड़ गया। लेकिन पास्कल ने कोई परवाह

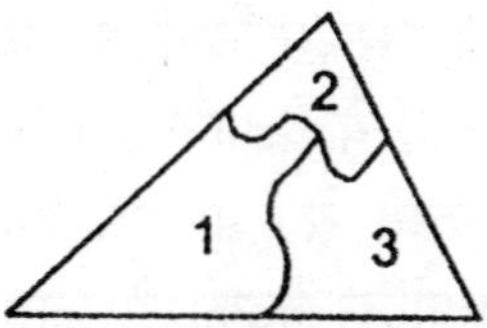

(i)

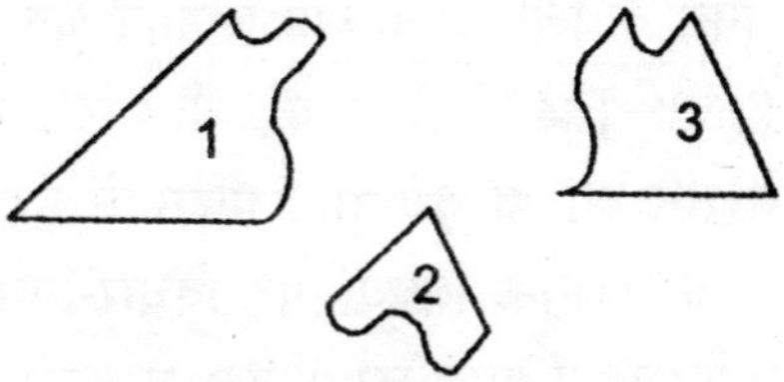

(ii)

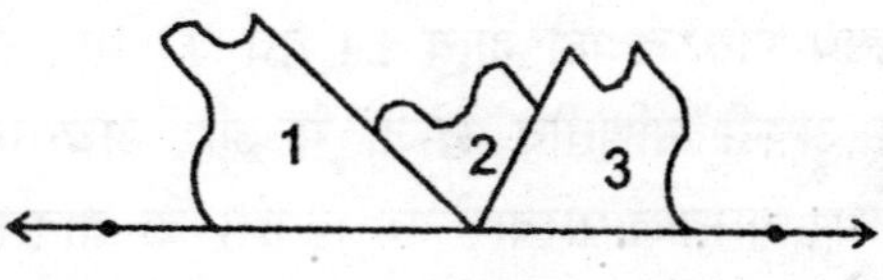

(iii)

यह प्रमेय सिद्ध करने का एक सरल तरीका : त्रिभुज के तीनों कोनों को काटकर एक सरल रेखा (180°) पर रखो।

रात-दिन ज्यामिति...

नहीं की। पिता के योग्य मार्ग-दर्शन में उसने अपना अध्ययन जोरों से जारी रखा।

इसके अतिरिक्त, पास्कल उन वैज्ञानिक चर्चाओं को भी सुनने के लिए जाने लगा जिनकी शुरुआत गणितज्ञ मारिन मेरसेन (1588-1648 ई.) ने की थी। उस समय प्रसिद्ध वैज्ञानिकों से मेरसेन का परिचय था। पेरिस में हर सप्ताह ये वैज्ञानिक बैठक करके विविध विषयों पर विचार-विमर्श करते थे। पास्कल इन गोष्ठियों में जाने लगे। बाद में इन्हीं साप्ताहिक बैठकों से फ्रांस की प्रसिद्ध 'विज्ञान अकादमी' ने जन्म लिया।

उस समय पास्कल की आयु 14 वर्ष की थी। लेकिन इधर पास्कल तो अपनी गणितीय खोजों में और अध्ययन में मगन थे, मगर उधर पास्कल-परिवार पर विपत्ति के बादल मंडरा रहे थे।

कैसी विपत्ति ?

4

ब्लेझ जब सात साल का था तभी पास्कल-परिवार फ्रांस की राजधानी पेरिस चला आया था।

उस समय लुई-चौदहवां फ्रांस का राजा था। लेकिन राज्य के सूत्र धर्माधिकारियों के हाथों में थे। राज्य के अधिकारियों और जनता पर इनका ही अधिकार था। वे चाहे जो करवा सकते थे।

उस समय पेरिस में रिचेली नाम के एक प्रभावशाली कार्डिनल थे। जानते हो कार्डिनल कौन होता है ?

ईसाई लोगों का सबसे बड़ा धर्मगुरु पोप कहलाता है। यह इटली देश के वेटिकन स्थान पर रहता है। पोप के बाद, धार्मिक अधिकार की दृष्टि से, कार्डिनलों का नंबर आता है। किसी भी देश की ईसाई राजनीति में इनका बड़ा प्रभाव रहता है। पास्कल के जमाने में तो इन्हें और भी ज्यादा अधिकार प्राप्त थे।

हां तो, पांस्कल के पिता में और कार्डिनल रिचेली में एक बात को लेकर मतभेद हो गया – जनता पर नए टैक्स लगाने की बात को लेकर।

कार्डिनल से मतभेद ? बहुत बड़ी बात थी उस जमाने में। पास्कल के पिता को नौकरी से हाथ धोना पड़ा। इतना ही नहीं, कार्डिनल के भय से उन्हें और उनके परिवार को कई दिनों तक अज्ञातवास में रहना पड़ा!

लेकिन ऐसा कितने दिनों तक चल सकता था ? रिचेली की कृपा पुनः प्राप्त करने के लिए कोई-न-कोई उपाय खोजना ही था।

आखिर पास्कल की बहन जेकलीन ने एक उपाय खोज निकाला। तुम जानना चाहोगे कौन-सा उपाय।

तो, सुनो...

एक दिन की बात है। कार्डिनल रिचेली पेरिस के एक थियेटर में नाटक देखने गए। रिचेली को नाटक बहुत पसंद आया – विशेषतः एक लड़की का अभिनय। वह थी भी बड़ी खूबसूरत।

नाटक समाप्त होने पर रिचेली ने उस लड़की का नाम पूछा। उसका नाम था : जेकलीन। ब्लेझ पास्कल की बहन।

रिचेली को अब पास्कल के पिता की याद हो आई। टैक्सों में वृद्धि की बात को लेकर उनमें जो मतभेद हो गया था, अब उसे काफी दिन बीत चुके थे। रिचेली ने यही उचित समझा कि अब उस झगड़े को आगे न बढ़ाया जाए। जेकलीन के अभिनय से वे बहुत खुश थे।

रिचेली की कृपा से पास्कल के पिता को फ्रांस के उत्तर-पश्चिम में स्थित रोउयेन नामक स्थान पर पुनः अधिकार की जगह मिल गई। पास्कल-परिवार रोउयेन में रहने लगा।

पास्कल के परिवार में पुनः खुशी के दिन लौट आए।

यहीं पर बालक पास्कल का कॉर्नेली नाम के एक नाटककार से परिचय हुआ। पास्कल की प्रतिभा से कॉर्नेली बहुत प्रभावित हुआ।

लेकिन पास्कल तो पूर्णरूप से गणित के अध्ययन में मग्न थे। वह अपने को पूर्णतः गणित के लिए ही अर्पित कर चुके थे। उनके रोम-रोम में गणित ही समाया हुआ था।

उस समय पास्कल की आयु 16 साल की थी।

तुम शायद पूछना चाहोगे : क्या पास्कल ने तब तक गणित में कोई ऐसी चीज खोज निकाली थी जिसे अद्भुत कहा जा सके ?

हां, पास्कल ने 16 वर्ष की आयु में ज्यामिति का एक ऐसा प्रमेय खोज निकाला, जिसे संपूर्ण ज्यामिति का एक महत्वपूर्ण और अद्भुत प्रमेय कहें तो अतिशयोक्ति न होगी।

वह प्रमेय कौन-सा था ? तुम शायद पूछो : क्या हम उसे समझ सकते हैं ?

हां, तुम उसे समझ सकते हो, बशर्ते कि खूब ध्यान लगाकर पढ़ो। और, यदि कागज और पेंसिल हाथ में लेकर स्वयं करने लग जाओ तो और भी अच्छी तरह समझ जाओगे। एक बार तुम इस प्रमेय को समझ लोगे तो फिर कभी नहीं भूलोगे। आगे चलकर जब तुम उच्च गणित पढ़ोगे, तो तुम्हें यह प्रमेय याद आएगा और तभी इसके महत्व को तुम ठीक से समझ पाओगे।

5

ले लिया न कागज-पेंसिल ?

अच्छा, पहले मैं तुम्हें एक प्राचीन गणितज्ञ का परिचय करा दूं। उनका नाम था : एपोलोनियस। वह आर्किमीदीज के समकालीन एक यूनानी गणितज्ञ थे। जानते हो यह कितनी पुरानी बात है ? लगभग 2250 वर्ष पुरानी।

यूक्लिड और उनकी ज्यामिति की पुस्तक 'एलिमेंट्स' (मूलतत्व) के बारे में तुम सुन ही चुके हो। अब एपोलोनियस की ज्यामिति के बारे में भी कुछ जान लो।

किसी शंकु यानी कोन की कल्पना करो। इस शंकु को यदि किसी समतल पृष्ठ द्वारा विभिन्न स्थितियों में काटा जाए तो पांच संभव वक्र प्राप्त होते हैं : (1) एक-दूसरे को एक बिंदु पर काटनेवाली दो सरल रेखाएं, (2) वृत्त, (3) दीर्घवृत्त (इलिप्स), (4) परवलय (पैराबोला), और (5) अतिपरवलय (हाइपरबोला)। इन सभी वक्रों को गणित में शंकु-काट (कॉनिक सेक्शन) का नाम दिया गया है।

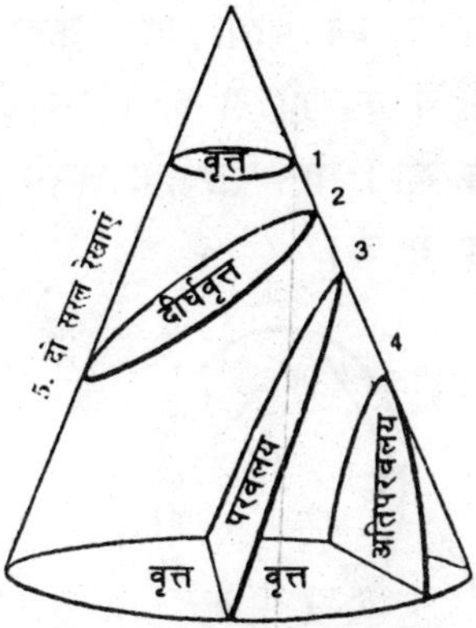

शंकु-काट : 1. वृत्त, 2. दीर्घवृत्त, 3. परवलय, 4. अतिपरवलय, 5. दो सरल रेखाएं

एपोलोनियस ने आज से लगभग 2250 वर्ष पहले इन्हीं शंकु-काटों या शांकवों की ज्यामिति का निर्माण किया। एपोलोनियस की ज्यामिति पहले से यदि तैयार न होती, महान खगोलविद केपलर (1571-1630 ई.) ने यदि इस शांकव ज्यामिति का ग्रहों की गतियों को स्पष्ट करने के लिए उपयोग न किया होता, तो न्यूटन (1642-1727 ई.) के लिए गुरुत्वाकर्षण के नियमों को खोज निकालना शायद संभव न होता।

लेकिन पास्कल के समय से एपोलोनियस की ज्यामिति का दूसरा अध्याय शुरू हो जाता है।

पास्कल का अद्भुत प्रमेय इन्हीं शांकवों से संबंधित है। पास्कल ने तो इसे 'रहस्यमय षड्भुज' का नाम दिया था, परंतु गणित में आज यह प्रमेय 'पास्कल का प्रमेय' नाम से प्रसिद्ध है।

किसी भी शांकव को लिया जा सकता है; किंतु सुविधा के लिए तुम दीर्घवृत्त को ही ले लो। इस दीर्घवृत्त की परिधि पर कोई छह बिंदु लो। मान लो कि तुमने ये छह बिंदु लिए हैं : अ ब क ड य ह।

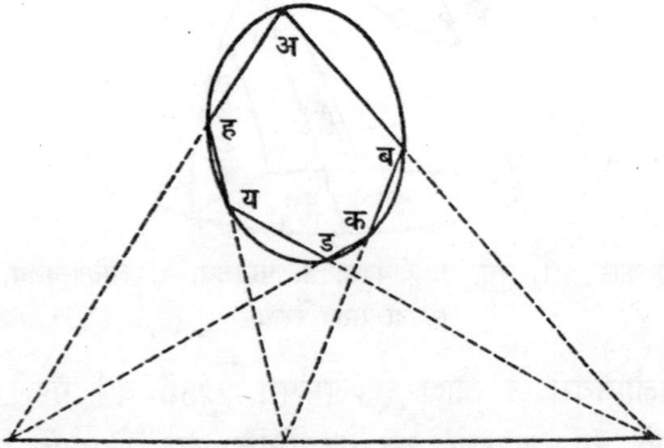

पास्कल का 'रहस्यमय षड्भुज'

अब इसी क्रम में दीर्घवृत्त के भीतर इन बिंदुओं को सरल रेखाओं से जोड़ लो। दीर्घवृत्त के भीतर छह रेखाओं से बंधी हुई एक आकृति तुम्हें मिल जाएगी। इसे ही 'षड्भुज' कहते हैं।

तुम पूछोगे, इसमें भला क्या रहस्य है? यह तो बड़ी सरल बात है।

तो लो, सुनो रहस्य की बात ...

इस षड्भुजाकृति के आमने-सामनेवाली रेखाओं को एक दिशा में इस प्रकार बढ़ाओ कि वे एक-दूसरी को एक बिंदु पर काटें। ऐसा करने से दीर्घवृत्त के बाहर तुम्हें तीन बिंदु मिल

जाएंगे।

मालूम हुई कोई रहस्य की बात ? नहीं ? तो देखो ... आखिर के इन तीनों बिंदुओं को साधो। ये तीनों बिंदु एक ही सरल रेखा पर स्थित मिलेंगे!

है न अद्भुत बात ? लेकिन इतना ही नहीं, यह तो बड़े रहस्य की एक झलक मात्र है।

दीर्घवृत्त की परिधि पर किसी भी तरह छह बिंदु लिए जाएं और उनको जोड़कर षड्भुज बनाया जाए, तब भी परिणाम यही होगा।

तुम शायद पूछो : क्या केवल दीर्घवृत्त पर ही यह नियम लागू होता है ?

नहीं, केवल दीर्घवृत्त पर ही यह नियम लागू नहीं होता; यह वृत्त पर भी लागू होता है। विश्वास न होता हो तो एक वृत्त खींचकर देख लो। जिस प्रकार दीर्घवृत्त पर छह बिंदु लेकर रेखाएं खींची गई हैं, उसी प्रकार वृत्त पर भी रेखाएं खींच लो। तुम देखोगे कि तीनों बिंदु एक ही सरल रेखा पर स्थित हैं।

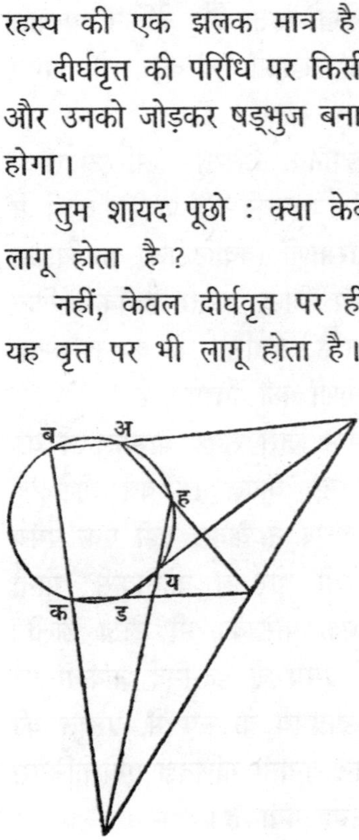

पास्कल का 'रहस्यमय षड्भुज'

सच तो यह है कि न केवल वृत्त के लिए, न केवल दीर्घवृत्त के लिए, बल्कि हर शांकव के लिए यह प्रमेय सही है। यही

इस प्रमेय की सबसे बड़ी विशेषता है।

है न प्रमेय सरल ? फिर इसके निर्माण के लिए ज्यादा साधनों की भी जरूरत नहीं है। वृत्त के लिए तो केवल कंपास और स्केल की ही जरूरत है।

यूक्लिड की ज्यामिति में प्रमेयों की स्थापना के लिए रेखाओं के मापन और कोणों का उल्लेख रहता है। लेकिन पास्कल के इस प्रमेय में तुम पाओगे कि रेखाओं एवं कोणों के मापन की जरूरत नहीं है।

यूनानी दार्शनिक और वैज्ञानिक अरस्तू (अरिस्टोटल : 384-322 ई.पू.) तथा अन्य कई विचारकों की प्राचीन काल से यह धारणा रही है कि गणित परिमाणों (क्वांटिटीज) का विज्ञान है। किंतु पास्कल का यह प्रमेय सिद्ध करता है कि गणित गुणों (क्वालिटीज) का भी विज्ञान है। इसलिए यह कहना पूर्णतः सही नहीं है कि 'गणित परिमाणों का विज्ञान है।'

हम तुम्हें बता ही चुके हैं कि जिस समय पास्कल ने यह प्रमेय खोजा उस समय उनकी उम्र केवल 16 वर्ष थी!

इस विलक्षण प्रतिभा वाले तरुण ने केवल यही एक प्रमेय सिद्ध नहीं किया। उन्होंने 'एस्सी पोर ल कोनिकूस' यानी 'शांकवों पर निबंध' नाम से एक पुस्तिका भी लिख डाली। इस पुस्तिका में इस 'रहस्यमय' प्रमेय के इर्द-गिर्द शांकवों पर 400 से भी अधिक सिद्धियां, उपप्रमेय के रूप में, प्रस्तुत की गई हैं। इन उपसिद्धियों में प्राचीन यूनानी गणितज्ञ एपोलोनियस के प्रमेयों का भी समावेश किया गया है।

हम तुम्हें बता चुके हैं कि पास्कल के इस प्रमेय में कोणों

या रेखाओं को मापने की जरूरत नहीं। दूसरे शब्दों में कहें तो : इस प्रमेय में केवल रेखाओं का निर्माण या 'प्रक्षेपण' करना पड़ता है।

तुम जानना चाहोगे कि 'प्रक्षेपण' किसे कहते हैं ?

प्रकाश के किसी एक बिंदु-स्रोत की कल्पना करो। मान लो कि इस बिंदु से एक कोन या शंकु के आकार में प्रकाश बाहर निकालता है। अब इस प्रकाश-शंकु में से विभिन्न स्थितियों में कांच का एक समतल सरकाओ।

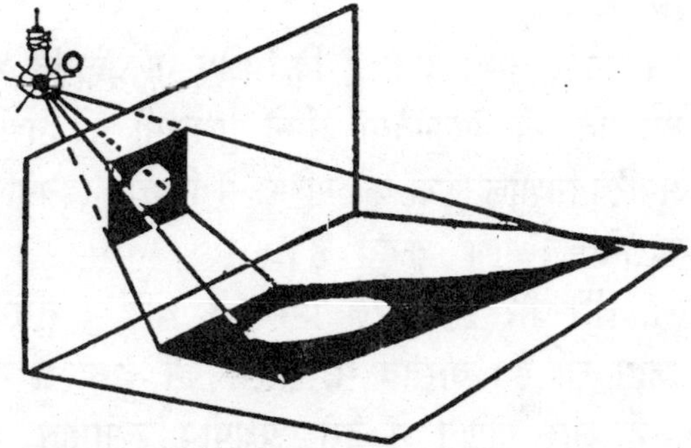

तुम देखोगे कि कांच का वह समतल जिन वक्रों में उस प्रकाश-शंकु को काटता है वे वक्र विभिन्न शांकवों को दर्शाते हैं; जैसे : वृत्त, दीर्घवृत्त, परवलय आदि।

अब, यदि तुम उस कांच के समतल पर पास्कल का 'रहस्यमय षड्भुज' अंकित करो, और कांच का ही एक दूसरा समतल लेकर, पहले समतल की छाया उस दूसरे समतल पर पड़ने दो, तो तुम देखोगे कि इस छाया में और पहले समतल के 'षड्भुज' में कोई विशेष फर्क नहीं है। तुम पाओगे कि

छायावाली आकृति भी एक 'रहस्यमय षड्भुज' ही होगी !

मतलब यह कि इस प्रमेय या इससे संबंधित उपप्रमेयों को छायाओं में 'प्रक्षेपित' किया जाए, तो इन प्रमेयों के मूल गुणधर्मों में कोई परिवर्तन नहीं होगा; इन प्रमेयों के मूल गुणधर्म उसी प्रकार कायम रहते हैं।

गणित की दुनिया में यह एक विशेष खोज थी। यूक्लिड की ज्यामितीय आकृतियों में यह विशेषता नहीं है। इस माने में भी पास्कल का यह प्रमेय या इस प्रमेय से संबंधित ज्यामिति अनोखी थी।

इस प्रकार तुमने देखा है कि प्रक्षेप के अंतर्गत भी पास्कल की ज्यामिति की आकृतियां अपने गुणधर्मों को नहीं बदलतीं। ऐसे अपरिवर्तनशील गुणों को गणित में निश्चर (इनवेरियंट) यानी 'न बदलनेवाले गुण' कहते हैं।

लो, धीरे-धीरे इस सरल प्रमेय के बारे में तुमने बहुत-सी बातें जान ली हैं। वास्तव में, यह अपने आप में एक स्वतंत्र विषय है और गणित में इसे 'प्रक्षेपीय ज्यामिति' (प्रोजेक्टिव ज्यॉमिट्री) कहते हैं।

पास्कल के समकालीन एक अन्य फ्रांसीसी गणितज्ञ देसार्ग्यू (1593-1662 ई.) ने भी प्रक्षेप की विधि से बहुत-से प्रमेय सिद्ध किए। पास्कल और देसार्ग्यू को हम आधुनिक 'प्रक्षेपीय ज्यामिति' के जनक मान सकते हैं। आज यह गणित बहुत ही विकसित हो गया है और उच्च कक्षाओं में पढ़ाया जाता है।

जिस प्रमेय के बारे में तुमने ऊपर पढ़ा, गणितज्ञों की दृष्टि

में यह मध्ययुग के ज्यामितीय आविष्कारों में सबसे महत्वपूर्ण था। इस 'रहस्यमय प्रमेय' की सबसे रहस्यमय बात तो यही है कि इसे एक ऐसे तरुण ने खोज निकाला जो केवल 16 वर्ष का था !

इस 'रहस्यमय प्रमेय' का शायद यही सबसे बड़ा 'रहस्य' है।

लेकिन यह तो हुआ पास्कल की बुद्धि का रहस्य। पास्कल का जीवन भी कम रहस्यमय नहीं है। विश्वास न हो तो देखो ...

6

संसार में नाना प्रकार के धर्म और संप्रदाय हैं – ईसाई धर्म, हिंदू धर्म, बौद्ध धर्म, मुसलमान धर्म आदि। हर आदमी का, अपने-अपने विश्वास के अनुसार, एक 'धर्म' होता है।

तुम जानना चाहोगे कि गणितज्ञों और वैज्ञानिकों का कौन-सा धर्म होता है ? और, पास्कल इन धर्मों में से किस धर्म को मानते थे ?

सच तो यह है कि 'विज्ञान' ही वैज्ञानिक का सच्चा 'धर्म' होता है, और 'विज्ञान-मंदिर' उसका आराधना-स्थल। इसीलिए यूनान के प्रसिद्ध दार्शनिक अफलातून (प्लेटो) ने अपनी अकादमी (विद्यापीठ) के प्रवेश-द्वार पर खुदवा रखा था : "ज्यामिति नहीं जानने वाले को इस अकादमी में प्रवेश मना है।"

अन्य विचारकों की तरह वैज्ञानिकों की भी धर्म और ईश्वर के बारे में अलग-अलग मान्यताएं रही हैं। कुछ गणितज्ञों को तो गणित में ही ईश्वर के दर्शन होते रहे हैं! यूनानी दार्शनिक-गणितज्ञ पाइथेगोर (ईसा पूर्व छठी सदी) ने कहा था : "प्राकृतिक संख्याएं ही

ईश्वर हैं।" अफलातून (प्लेटो) ने कहा था : "ईश्वर हमेशा ज्यामिति से खेलता रहता है।" जर्मन गणितज्ञ कार्ल गुस्ताव याकूब याकोबी (1804-51 ई.) ने कहा था : "ईश्वर हमेशा अंकगणित का निर्माण करता रहता है।" अंग्रेज गणितज्ञ जेम्स जीन्स (1877-1946 ई.) ने पूरे विश्वास के साथ यहां तक कह डाला कि : "महान विश्व-निर्माता (ईश्वर) अब 'गणितज्ञ' के रूप में प्रकट होने लगा है।"

इसके विपरीत, कुछ ऐसे भी गणितज्ञ मिलते हैं जिनका स्थानीय देवी-देवता में भी विश्वास रहा है और अपनी गणितीय खोजों को उन्होंने इन्हीं की कृपा का प्रसाद बताया है। कहा जाता है कि महान भारतीय गणितज्ञ श्रीनिवास रामानुजन् (1887-1920 ई.) कुछ-कुछ ऐसे ही खयाल रखते थे।

लेकिन ऐसे गणितज्ञों की संख्या बहुत बड़ी है जिन्होंने गणित के लिए किसी ईश्वरीय सत्ता की जरूरत नहीं समझी। फ्रांसीसी गणितज्ञ प्योर-सिमां लाप्लास (1749-1827 ई.) और नेपोलियन का किस्सा तो तुमने सुना ही होगा ! नहीं सुना ? अच्छा तो लो, सुनो ...

नेपोलियन बोनापार्त फ्रांस की राज्यक्रांति का सम्राट था, तो लाप्लास यूरोप की वैज्ञानिक क्रांति के। लाप्लास ने अपनी पुस्तक 'ब्रह्मांड का गति-विज्ञान' नेपोलियन को भेंट की। पुस्तक को अच्छी तरह देखने के बाद नेपोलियन ने लाप्लास को बुलाया और कहा : "ब्रह्मांड के रहस्यों पर आपने इतना बड़ा ग्रंथ लिखा है, परंतु बड़े आश्चर्य की बात है कि इसमें उस महान 'ब्रह्मांड-निर्माता' (ईश्वर) का कहीं कोई जिक्र नहीं है !"

लाप्लास ने उत्तर दिया : "महाशय, मेरे ग्रंथ में प्रस्तुत सिद्धांतों के लिए उस 'परिकल्पना' (हाइपोथीसिस) की जरूरत नहीं है।"

लाप्लास (1749-1827 ई.)

लेकिन पास्कल की बात ही निराली थी, इतनी निराली कि विज्ञान के इतिहास में शायद ही कोई दूसरा उदाहरण मिले।

सत्रहवीं शताब्दी का यूरोप धार्मिक कलह का रणक्षेत्र था। जन-जागरण के साथ-साथ ईसाई धर्म में नए-नए संप्रदाय अस्तित्व में आने लगे थे।

उस समय के धर्म-सुधारकों में एक थे : कॉर्नेलियूस यानसेन (1585-1638 ई.)। ये वाइप्रस (बेल्जियम) के बिशप थे। इन्होंने ईसाइयों के जिस नए संप्रदाय को जन्म दिया उसे 'यानसेन संप्रदाय' कहते हैं। यह संप्रदाय रोमन कैथोलिक चर्च का विरोधी था, इसलिए पोप और उनके समर्थक शासकों ने यानसेन के अनुयायियों को काफी कष्ट दिए। यानसेन संप्रदाय वाले जेसुइट संप्रदाय वालों को अपना कट्टर दुश्मन मानते थे!

सन् 1646 में पास्कल-परिवार ने यानसेन संप्रदाय में दीक्षा ली।

तुम कहोगे कि 'दीक्षा' लेने में ऐसी कौन-सी विशेष बात थी कि पास्कल के जीवन को ही 'निराला' कहा गया ? धार्मिक

मान्यता अलग बात है, और गणितीय खोज अलग बात।

लेकिन विश्वास करो, इस 'दीक्षा' के परिणाम सचमुच अद्भुत निकले। तुम जानने के लिए आतुर हो, किंतु थोड़ा सब्र करो। मैं तुम्हें बाद में बताऊंगा। पहले तुम पास्कल के स्वास्थ्य के बारे में कुछ जान लो।

मैं तुम्हें पहले ही बता चुका हूं कि बचपन से ही पास्कल का स्वास्थ्य खराब था। ऊपर से भारी दिमागी परिश्रम। पास्कल ने कम उम्र में ही अपनी प्रतिभा के चमत्कार तो दिखाए, किंतु उन्हें इसकी भारी कीमत चुकानी पड़ी।

सत्रह साल की उम्र से लेकर जीवन के अंतिम दिनों तक पास्कल के जीवन में शायद ही कोई दिन ऐसा गुजरा हो जब उन्हें शारीरिक पीड़ा ने परेशान नहीं किया। जीवन-भर वह अजीर्ण के शिकार रहे। शायद ही कोई ऐसी रात गुजरी जब उन्हें शांति से नींद आई हो। उनकी अधिकतर रातें अनिद्रा के कष्ट में ही कटीं।

फिर भी 18 वर्ष की आयु में उन्होंने विज्ञान के इतिहास में एक और महत्व की खोज की। उन्होंने एक 'गणक-यंत्र' बनाया।

तुम पूछोगे कैसा गणक-यंत्र ? तो लो, विस्तार से जान लो।

7

तुम्हें अपने प्राइमरी स्कूल के दिन याद होंगे। कितनी परेशानी होती थी संख्याओं को जोड़ने और घटाने में !

उस उम्र में तो तुम्हें सबसे कठिन यही विषय लगा होगा : अंकगणित। और तुमने कई बार सोचा होगा—काश, कोई ऐसा 'जादू' हाथ लग जाए जिससे कि अंकगणित के प्रश्नों के उत्तर आसानी से निकल आया करें !

वास्तव में अब ऐसे 'जादू' की खोज हो चुकी है। यह 'जादू' है – कंप्यूटर ! कंप्यूटर के रूप में मानव को एक नए किस्म की शक्ति प्राप्त हुई है। इस शक्ति के परिणाम भी देखने को मिल रहे हैं। अब हजारों कामों में कंप्यूटरों का इस्तेमाल होने लगा है। कंप्यूटरों ने गणनाओं का ही नहीं, सूचनाओं के प्रसारण और उनके नियंत्रण का काम भी संभाल लिया है। अब पुस्तक-प्रकाशन का काम भी कंप्यूटर से होने लगा है। इस पुस्तक का यह नया संस्करण कंप्यूटर पर तैयार हुआ है।

लेकिन आओ, तुम्हें पास्कल के गणक-यंत्र के बारे

पास्कल का गणक-यंत्र

में बताएं।

याद रखो कि यह संसार का पहला गणक-यंत्र था।

पास्कल का गणक-यंत्र एक संदूक या हार्मोनियम-पेटी जैसा था। इसमें छह दंतचक्र और छह सिलेंडर थे। प्रत्येक सिलेंडर पर 0 से लेकर 9 तक अंक थे। इन अंकों की व्यवस्था इस तरह थी कि एक समय में छेद में से केवल एक ही संख्या दिखाई देती थी। 0 से 9 तक की संख्याएं टेलीफोन के डायल की तरह थीं। अतः जब यह डायल घुमाया जाता, तो संलग्न दंतचक्र और सिलेंडर भी इसके साथ-साथ घूमते थे।

इस व्यवस्था को तुम एक उदाहरण से अच्छी तरह समझ जाओगे। मान लो कि तुम्हें संख्या 2, 5 और 3 को जोड़ना है। अब तुम दाईं ओर के इकाई वाले डायल को पहले 2 तक घुमाओ – इससे दंतचक्र और सिलेंडर $\frac{2}{10}$ चक्कर सरकेंगे। इसी प्रकार 5 और 3 के लिए डायल घुमाओ – इससे दंतचक्र और सिलेंडर क्रमशः $\frac{5}{10}$ और $\frac{3}{10}$ और आगे जाकर रुकेंगे।

लेकिन सिलेंडर पर 10 इकाइयां ही चिह्नित थीं और दस इकाइयों का (2+5+3) जोड़ हो चुका है, इसलिए वह सिलेंडर

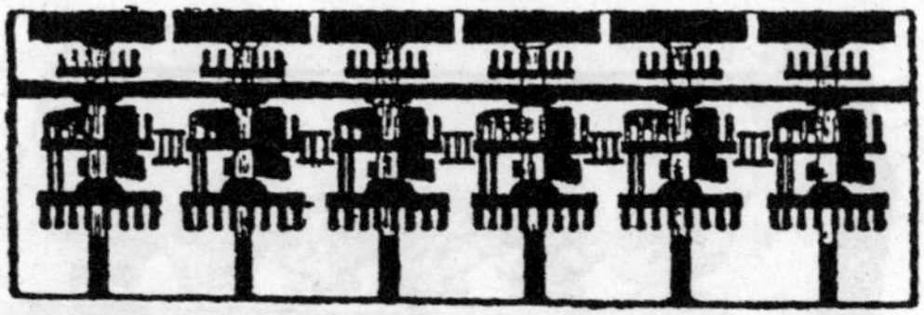

पास्कल के गणक-यंत्र का भीतरी दृश्य

पुनः 0 के स्थान पर वापस आ जाएगा। परंतु इस मशीन में एक ऐसी भी योजना थी जिससे दाईं ओर के सिलेंडर पर 10 इकाइयां पूर्ण हो जाने पर 10 का 0 तो उसी स्थान पर रह जाता है, किंतु 1 बाईं ओर के दहाई के सिलेंडर पर सरक जाता है। इस प्रकार बाईं ओर का सिलेंडर $\frac{1}{10}$ आगे सरकता है।

हम बता ही चुके हैं कि पास्कल की इस मशीन में छह सिलेंडर थे। इनके छेद से यद्यपि एक ही अंक दिखाई देता है, परंतु ऊपर की व्यवस्था के अनुसार ये अंक दाईं ओर से बाईं ओर क्रमशः इकाई, दहाई, सैकड़ा, हजार, दस हजार और लाख को व्यक्त करते थे। संख्याएं 2, 5 और 3 को जोड़ने पर इकाई के सिलेंडर पर 0 नजर आएगा और दहाई के सिलेंडर पर 1। इस प्रकार उत्तर मिल जाएगा : 10।

इस तरह, छह सिलेंडरों की सहायता से तुम संख्या 9,99,999 तक का जोड़ बतानेवाली संख्याओं को जोड़ सकते हो। वास्तव में पास्कल की इस मशीन में विपरीत क्रम में भी डायलों पर अंक अंकित थे, जो संख्याओं को घटाने के लिए इस्तेमाल होते थे।

पास्कल ने अपने पिता के हिसाब-किताब को जोड़ने और

पास्कल अपने गणक-यंत्र के साथ

घटाने के लिए यह मशीन 1642 ई. में तैयार की थी। बाद में इसी सिद्धांत पर और भी मशीनें बनाई गईं। जिस मॉडल को यहां पर चित्र में दिखाया गया है वह 1652 ई. का है। मूल गणक-यंत्र आज भी पेरिस के एक संग्रहालय में देखने को मिल सकता है। इसका एक नमूना लंदन के साइंस म्यूजियम में भी देखने को मिल जाएगा।

जो मशीन अंकों को जोड़ सकती है वही मशीन, विपरीत क्रम से, अंकों को घटा भी सकती है। इसी तरह, जो मशीन अंकों को गुणा कर सकती है वही मशीन, विपरीत क्रम से, अंकों का भाग भी कर सकती है। पास्कल की मशीन में अंकों को केवल जोड़ने और घटाने की ही व्यवस्था थी। उसमें गुणा करने या भाग देने की व्यवस्था नहीं थी।

इस दूसरी व्यवस्था को पास्कल की मशीन में जोड़ने का काम किया एक दूसरे दार्शनिक-गणितज्ञ ने। जानते हो उस गणितज्ञ का नाम? वह थे – जर्मनी के महान गणितज्ञ-दार्शनिक गॉटफ्रिड विलहेल्म लाइबनिट्ज (1646-1716 ई.)। उन्होंने पास्कल की मशीन में गुणा और भाग की क्रियाएं भी जोड़ दीं।

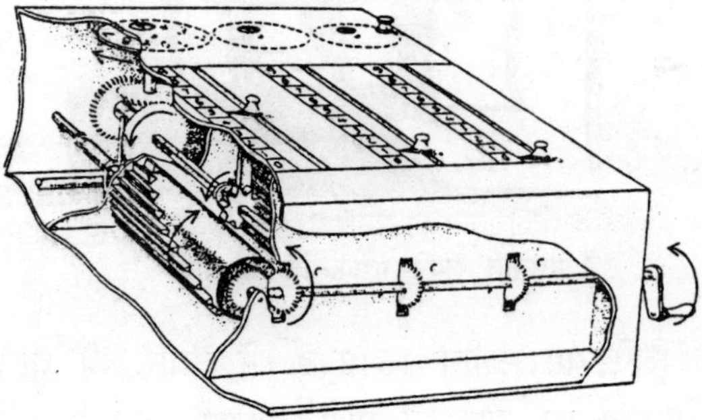

लाइबनिट्ज के गणक-यंत्र की कार्य-प्रणाली का आरेख

अब इस मशीन में जोड़ने, घटाने, गुणन और भाग की क्रियाएं संभव हुईं, और ये ही क्रियाएं अंकगणित के मूल परिकर्म हैं। इन चारों परिकर्मों से अंकगणित के किसी भी प्रश्न को हल किया जा सकता है; इस परिवर्तित मशीन को 'पास्कल-लाइबनिट्ज मशीन' का नाम दिया गया।

लगभग 300 वर्षों तक यही मशीन गणनाओं के लिए उपयोग में आती रही। बैंकों आदि में इसी मशीन का उपयोग होता रहा।

आज तो शक्तिशाली कंप्यूटरों का निर्माण हो चुका है और इनका संचालन विद्युत-वेग से होता है।

परंतु क्या हम पास्कल के उस पहले गणक-यंत्र को भूल सकते हैं ? क्या हम यह भूल सकते हैं कि इतिहास के इस पहले गणक-यंत्र का निर्माण 18 वर्ष के एक तरुण ने किया था ?

पास्कल की उपर्युक्त खोज से एक बात तो तुम्हारी समझ में आ ही गई होगी। वह यह कि वह निरे गणितज्ञ ही नहीं थे, बल्कि एक कुशल कारीगर और यंत्र-निर्माता भी थे। प्रायोगिक विज्ञान के क्षेत्र में भी उनकी गहरी पैठ थी।

सन् 1648 में पास्कल की प्रतिभा का झुकाव एक दूसरी ही दिशा की ओर हुआ।

8

हमारे चारों तरफ क्या है ? हवा।

हवा ... हवा ... हवा ...

हम सभी हवा के सागर में विचरण करते हैं। इसे हम वायुमंडल कहते हैं। तुम शायद यह भी जानते हो कि इस वायुमंडल का भार भी होता है।

समुद्र की सतह पर वायुमंडल का भार सबसे अधिक होता है। जैसे-जैसे तुम ऊपर जाओगे, वैसे-वैसे भार कम होता जाएगा।

गैलीलियो (1564-1642 ई.) का नाम तुमने सुना ही है। पहले-पहल उन्होंने ही वायुमंडल के भार के बारे में कुछ सिद्धांतों की खोज की थी। बाद में गैलीलियो के शिष्य तोरिचेल्ली (1608-1647 ई.) ने प्रयोगों द्वारा वायुमंडल के भार को सिद्ध किया।

तोरिचेल्ली ने लगभग एक मीटर लंबी कांच की एक नलिका ली और उसके एक सिरे को सील कर दिया। फिर दूसरे सिरे से उस नलिका में उन्होंने पारा भरा और उसे अंगूठे से बंद रखते हुए पारा-भरे एक कटोरे में उलटा करके खड़ा कर दिया। तोरिचेल्ली ने

देखा कि नलिका में पारा, कटोरे में मौजूद पारे की सतह से, 760 मिलिमीटर की ऊंचाई तक पहुंच गया है।

जैसे-जैसे हम ऊपर जाते हैं, वैसे-वैसे वायुमंडल का भार या दाब घटता जाता है। वायुमंडल के भार में होनेवाले परिवर्तन के साथ-साथ नलिका के भीतर पारे की ऊंचाई में भी परिवर्तन होता जाता है। यदि तुम तोरिचेल्ली के प्रयोग को एवरेस्ट शिखर (ऊंचाई 8840 मीटर) पर जाकर कर सको, तो देखोगे कि वहां नलिका के भीतर पारे की ऊंचाई केवल 236 मिलिमीटर रह गई है!

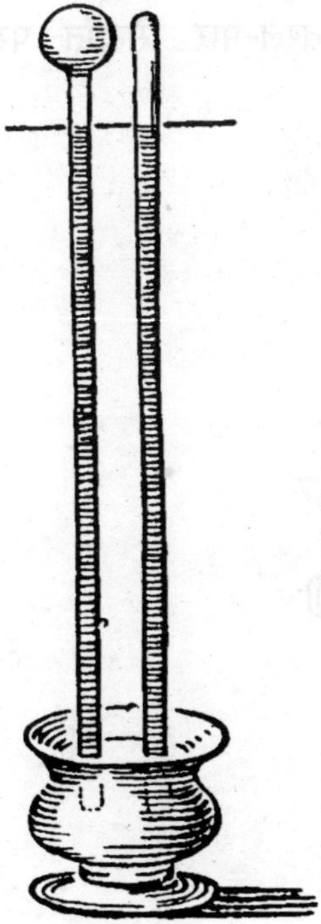

बैरोमीटर

गैलीलियो और तोरिचेल्ली की खोजों के आधार पर पास्कल ने एक 'बैरोमीटर' यंत्र बनाया और प्रयोगों द्वारा वायुमंडलीय भार के बारे में ऐसे नियम खोज निकाले जिन्हें आज भौतिकी का प्रत्येक विद्यार्थी जानता है।

इस बीच पास्कल की बहन गिलबर्ते का विवाह एम. पेरिए नामक एक सज्जन से हो गया था। पास्कल के सुझाव पर पेरिए महाशय बैरोमीटर को एक ऊंचे पहाड़ पर ले गए। वहां उन्होंने देखा कि बैरोमीटर में पारे की ऊंचाई घट गई है।

बाद में पास्कल जब अपनी बहन के साथ पेरिस लौट आए तो वहां उन्होंने

ऊंची-ऊंची इमारतों पर चढ़कर यही प्रयोग किया, बार-बार किया।

अपने प्रयोगों के आधार पर पास्कल ने जिस सिद्धांत की खोज की वह पास्कल की मृत्यु के लगभग 400 वर्ष बाद भी 'पास्कल का तरल-भार सिद्धांत' के नाम से प्रसिद्ध है। वायुमंडल के भार की इकाई को आज भी 'पा' ('पास्कल' नाम का संक्षेप) कहते हैं।

आज के हाइड्रौलिक जैक, हाइड्रौलिक प्रेस और इसी प्रकार की अन्य मशीनें पास्कल के इसी तरल-भार सिद्धांत पर आधारित हैं।

9

तुम शायद पूछोगे : पास्कल के इन महत्वपूर्ण आविष्कारों का उस समय के यूरोप पर क्या प्रभाव पड़ा ? यूरोप के महान वैज्ञानिकों ने पास्कल की प्रतिभा का कैसा स्वागत किया ?

सच तो यह है कि पास्कल जैसी प्रतिभा यदा-कदा ही जन्म लेती है। प्रायः समकालीन लोग ऐसी प्रतिभा को बड़ी कठिनाई से ही पहचान पाते हैं। कारण यह कि ऐसी प्रतिभा, ऐसा मस्तिष्क, अपने समय से बहुत आगे होता है। विज्ञान का इतिहास ऐसे अनेक उदाहरणों से भरा पड़ा है जब समकालीन लोगों ने अपने युग की महान प्रतिभाओं की उपेक्षा की। इतना ही नहीं, चोटी के समकालीन वैज्ञानिकों ने भी उनकी उपेक्षा की !

पास्कल के साथ भी यही हुआ। इतनी छोटी उम्र और ऐसे अद्‌भुत आविष्कार ! बड़े-बड़े वैज्ञानिकों को भी विश्वास नहीं हुआ। इन्हीं बड़े वैज्ञानिकों में एक थे : रेने दकार्त। रेने दकार्त का नाम तुम पहले भी सुन चुके हो।

दकार्त का जन्म फ्रांस में सन् 1596 में हुआ। शुरू में हम तुमको बतला चुके हैं कि दकार्त के जन्म के 27 वर्षों बाद पास्कल का जन्म हुआ। दकार्त ने ही गणित के एक महत्वपूर्ण अंग – 'निर्देशांक ज्यामिति' – की खोज की। वह न केवल एक महान गणितज्ञ थे, बल्कि महान दार्शनिक भी थे। अपने समय में वह यूरोप के सबसे बड़े वैज्ञानिक माने जाते थे। अपने जीवन के अंतिम दिनों में दकार्त स्वीडन की रानी क्रिस्टिना के अध्यापक रहे।

रेने दकार्त (1596-1685 ई.)

उसी समय की बात है : पेरिस में दकार्त और पास्कल की भेंट हुई। पास्कल के पेरिस आ जाने के बाद उनके पिता

भी पेरिस आ गए थे। पेरिस आ जाने के बाद पास्कल के पिता राज्य के कौंसिलर बन गए थे।

जैसा कि मैंने तुम्हें बताया, दकार्त को पास्कल के आविष्कारों के प्रति संदेह था। उन्हें विश्वास नहीं हो रहा था कि 'शांकवों पर निबंध' जैसी उच्चकोटि की चीज एक 16 वर्षीय तरुण ने लिखी है। और, दकार्त को ही क्यों, किसी को भी एकाएक विश्वास नहीं हो रहा था 16 वर्ष के तरुण में ऐसी महान प्रतिभा है। इतना ही नहीं, दकार्त का भी मत रहा कि बैरोमीटर के विचार पास्कल ने मेरसेन से चुराए हैं, क्योंकि सर्वप्रथम दकार्त ने ही मेरसेन के सामने ऐसे विचार प्रकट किए थे।

तुम्हें याद होगा कि मेरसेन द्वारा आयोजित साप्ताहिक गोष्ठियों में पास्कल भी जाया करते थे। परंतु इतने से ही यह नहीं कहा जा सकता कि पास्कल ने मेरसेन के माध्यम से दकार्त के विचारों को चुराया था। यह आरोप सच नहीं है। विचार सिर्फ विचार होते हैं। तुम देख ही चुके हो कि बैरोमीटर की उपयोगिता को पास्कल ने प्रयोगों द्वारा किस प्रकार सिद्ध किया।

दकार्त और पास्कल के मतभेदों का एक कारण यह भी था कि दोनों के धार्मिक विश्वास अलग-अलग थे। दकार्त को जेसुइट संप्रदाय वालों से जीवन-भर आश्रय और स्नेह मिला था; इसलिए वह उनका बहुत आदर करते थे। किंतु पास्कल का परिवार, जैसा कि तुम्हें बताया जा चुका है, यानसेन संप्रदाय में दीक्षित था। और, यानसेन संप्रदाय का प्रमुख उद्देश्य था : जेसुइटों को पराजित करना।

इस तरह, फ्रांस के दो महान वैज्ञानिकों के बीच धर्म एक दीवार बनकर खड़ा हो गया था!

फिर भी, बुजुर्ग और अनुभवी दकार्त ने तरुण पास्कल को एक उपयोगी सलाह दी।

कौन-सी सलाह ?

पास्कल की तरह दकार्त का भी स्वास्थ्य बचपन से ही खराब रहा। परंतु एक विशेष युक्ति से दकार्त अपने स्वास्थ्य की रक्षा करते रहे। सुबह जाग जाने पर भी वह बिस्तर पर ही पड़े रहते। बिस्तर पर पड़े-पड़े ही वह सोचते या पढ़ते रहते।

पास्कल को भी दकार्त ने यही सुझाव दिया। अजीर्ण को दूर करने के लिए दकार्त ने पास्कल को एक खास किस्म की चाय पीने की सलाह दी।

परंतु पास्कल ने दकार्त के सुझाव को ठुकरा दिया – शायद इसलिए कि ये सुझाव विरोधी संप्रदाय वाले दकार्त से प्राप्त हुए थे!

कितना अच्छा होता कि पास्कल दकार्त के सुझावों को मान लेते और अपने स्वास्थ्य की रक्षा कर सकते!

लेकिन महान प्रतिभाओं के तो रंग-ढंग ही निराले होते हैं। पास्कल की प्रतिभा का झुकाव अब एक निराली दिशा की ओर घूम चला।

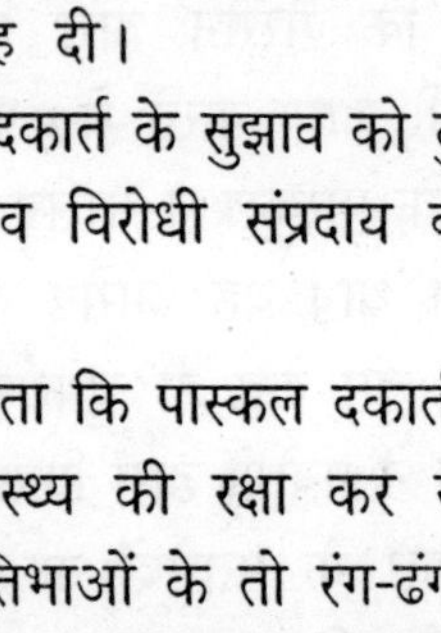

10

पेरिस के निकट पोर्ट-रॉयल नामक एक स्थान है। इस स्थान पर यानसेन संप्रदायवालों का एक प्रमुख मठ है। पास्कल-परिवार का इस मठ में आना-जाना था।

सन् 1648 में, 23 वर्ष की आयु में, पास्कल की बहन जेकलीन ने ईसाई नन (साध्वी) बनकर इस मठ में रहने की इच्छा प्रकट की। परंतु पिता बेटी की इस इच्छा से सहमत नहीं थे। वे किसी तरह जेकलीन का मत-परिवर्तन करना चाहते थे। किंतु जेकलीन, न केवल खुद उस मठ में जाना चाहती थी, बल्कि अपने भाई को भी वहां ले जाना चाहती थी।

इन्हीं उलझनों में पास्कल-परिवार फिर क्लेरमां लौट आया।

धार्मिक 'परिवर्तन' की उलझनों के कारण पास्कल-परिवार लगातार अपना स्थान बदलता रहा। सन् 1650 में पास्कल-परिवार पुनः पेरिस लौट आया। यहीं पर अगले वर्ष, 1651 ई. में, पास्कल के पिता की मृत्यु हुई।

पिता की मृत्यु के बाद पास्कल अपने परिवार की

संपूर्ण संपत्ति के अधिकारी बन गए। साथ ही, जेकलीन को अपनी इच्छा पूरी करने की अब पूरी आजादी मिल गई। जानते हो कौन-सी इच्छा ? मैं तुम्हें पहले ही बता चुका हूं कि जेकलीन पोर्ट-रॉयल के मठ में जाकर नन बनना चाहती थी। पिता की आज्ञा न मानने का अब प्रश्न ही न रहा। अंत में वह नन बन गई। साथ ही वह इस बात के लिए प्रयत्न करती रहती कि पास्कल भी मठ में चले आएं।

पास्कल कोई निश्चय नहीं कर पाए। लगभग तीन साल तक वह अक्सर उपवास रखकर दिन गुजारते रहे। आखिर वह दिन आया जब उन्होंने 'परिवर्तन' स्वीकार कर लिया।

क्या तुम 'परिवर्तन' का अर्थ समझते हो ? इसका ठीक-ठीक अर्थ समझने के लिए तुम्हें ईसाई धर्म और उसके संप्रदायों के बारे में जानना होगा। मोटे तौर में कहा जाए तो 'परिवर्तन' का अर्थ होगा : सांसारिक काम-काज को त्याग देना। ईसाई धर्म के यानसेन संप्रदाय की दृष्टि में गणित की खोजबीन भी चूंकि एक सांसारिक कार्य था, इसलिए पास्कल को गणित भी छोड़ देना पड़ा!

लेकिन दुनिया के बहुत-से धर्मों और संप्रदायों में ऐसा नहीं है। हमारे देश के जैन धर्म का ही उदाहरण लो। जैन धर्म में प्राचीन काल से ही गणित के अध्ययन को बड़ा महत्व दिया गया है। जैन आचार्यों ने भारतीय गणित के विकास में बहुत बड़ा योग दिया है। ईसा की नौवीं सदी में दक्षिण भारत में महावीराचार्य नाम के एक बहुत नामी जैन गणितज्ञ हुए। उनका 'गणितसार-संग्रह' ग्रंथ कई सदियों तक पाठ्य-पुस्तक के रूप

में उपयोग में लाया गया। अपने ग्रंथ में महावीराचार्य लिखते हैं : "सांसारिक, वैदिक तथा धार्मिक आदि सभी कार्यों में गणित उपयोगी है। ... अधिक कहने से क्या लाभ? तीनों लोकों में जो तमाम चराचर वस्तुएं हैं उनका अस्तित्व गणित से अलग नहीं है।"

कुछ तो अपनी इच्छा से, और काफी-कुछ अपनी बहन जेकलीन के प्रभाव से, पास्कल अब पोर्ट-रॉयल के मठ में रहने आ गए। उपभोग और चिंतन संबंधी सभी बातों को पास्कल ने छोड़ दिया। बस, वह 'मनुष्य की महानता और दुर्दशा' पर विचार करते रहते!

उस समय पास्कल की आयु 31 वर्ष की थी। उसके बाद केवल एक बार पास्कल ने गणित को हाथ लगाया। उन्होंने गणित में जो कुछ भी आविष्कार किए वे सब इसके पहले के हैं। यह बड़े सौभाग्य की बात है कि 'परिवर्तन' के पहले ही पास्कल ने एक अन्य गणितज्ञ फर्मा के सहयोग से उस महान गणित का निर्माण किया, जिसे आज हम 'थ्योरी ऑफ प्रोबेबिलिटी' यानी 'संभाविता का सिद्धांत' कहते हैं।

11

इस पुस्तक के आरंभ में तुमको ताश के खेल का एक किस्सा सुना चुका हूं। क्या तुम्हें वह किस्सा याद है ? कवेलिए द मेरे नाम के पेशेवर जुआरी ने ताश के खेल का वह सवाल पास्कल के सामने पेश किया था।

उस प्रश्न के हल को लेकर पास्कल और एक अन्य समकालीन गणितज्ञ के बीच एक लंबा पत्र-व्यवहार शुरू हो गया। जानते हो उस गणितज्ञ का नाम क्या था ? उस गणितज्ञ का नाम था : प्येअर द फर्मा।

फर्मा भी फ्रांस के ही निवासी थे। उसका जन्म 1601 ई. में हुआ था। पास्कल और फर्मा के बीच ताश के खेल के उस मामूली सवाल को लेकर जो पत्र-व्यवहार चला वह गणित के इतिहास में अमर हो गया। कारण यह है कि इसी पत्र-व्यवहार ने गणित में एक महत्वपूर्ण विषय की सृष्टि की – संभाविता सिद्धांत (थ्योरी ऑफ प्रोबेबिलिटी) – की।

इस सिद्धांत की गहराई में पहुंचना तो तुम्हारे लिए संभव नहीं होगा, मगर इसकी कुछ मोटी-मोटी बातें नीचे लिखी बातचीत से तुम्हारी समझ में आ जाएंगी।

प्येअर द फर्मा (1601-1665 ई.)

एक दिन कुछ मित्र भोजन के बाद एक बड़े मजेदार विषय पर चर्चा करने बैठ गए। चर्चा का विषय था : किसी घटना की संभावना (प्रोबेबिलिटी) क्या हो सकती है ?

इस गोष्ठी में एक तरुण गणितज्ञ भी था। गणितज्ञ ने अपनी जेब से एक सिक्का निकाला। मित्रों को सिक्का दिखाकर उसने कहा :

"देखो, इस सिक्के को मैं मेज पर उछालता हूं। अच्छा बोलो – यह चित ही गिरेगा, इस बात की संभावना क्या है ?"

"लेकिन पहले यह तो बतलाइए कि यह 'संभावना' है क्या बला ?" सबने एक साथ पूछा।

"यह तो बड़ी सीधी-सी बात है। सिक्के के लिए दो ही 'संभावनाएं' हैं : या तो यह चित गिरेगा या पट। एक बार

की उछाल में केवल एक ही संभावना हो सकती है। इस तरह हम देखते हैं कि :

अपेक्षित घटनाओं की संख्या/संभावित घटनाओं की संख्या = ½

बस, यह ½ भिन्न सिक्के के चित गिरने की संभावना दरशाता है।"

"अच्छा, मान लिया। एक सिक्के के लिए तो इस बात को समझना सरल है," एक मित्र ने बीच में ही टोका, "लेकिन उछाली जानेवाली चीज अगर पांसा हो तो ?"

• "ठीक है," गणितज्ञ ने कहा, "आइए, हम एक पांसे को ही ले लें। पांसा घनाकार होता है, यानी उसके छह चेहरे होते हैं। उसके प्रत्येक चेहरे पर संख्या-चिह्न होते हैं – एक से लेकर

छह तक।”

“ठीक है,” दूसरे मित्र ने कहा, “लेकिन पहले ही दांव में 6 आने की संभावना क्या है ?”

“कुल संभावनाएं कितनी हैं ?” गणितज्ञ समझाते हुए बोला : “घन के छह चेहरे हैं, इसलिए 1 से 6 तक कोई भी संख्या पहले दांव में आ सकती है। अतः इस स्थिति में संभावना होगी : $^1/_6$।”

गोष्ठी ने अब दूसरा ही रूप धारण कर लिया। मेजबान ने गणितज्ञ से पूछा : “तो क्या किसी भी घटना की संभावना (प्रोबेबिलिटी) निकाली जा सकती है ? मेरा अनुमान है कि खिड़की के सामने से गुजरनेवाला पहला व्यक्ति पुरुष होगा। बताइए, मेरे इस अनुमान की संभावना क्या है ?” हंसते हुए उसने कहा।

“यदि हम यह मान लेते हैं कि संसार में पुरुषों और स्त्रियों की संख्या समान है, तो इस अनुमान की संभावना ½ है।” गणितज्ञ ने सीधा-सा उत्तर दे दिया।

“और, पहले दो व्यक्ति पुरुष ही होंगे – इस घटना की संभावना क्या है ?” एक अन्य व्यक्ति ने पूछा।

“पहले हम विभिन्न संभावनाओं पर विचार करेंगे। पहले तो यह संभव है कि दोनों ही व्यक्ति पुरुष होंगे। दूसरे, पहला पुरुष हो सकता है, दूसरी स्त्री। तीसरे, पहली स्त्री हो सकती है, दूसरा पुरुष। चौथे, दोनों औरतें हो सकती हैं। इस तरह कुल 4 ही संभावनाएं हैं। और, इनमें से हमें केवल एक संभावना चाहिए। इसलिए इस अपेक्षित घटना की संभावना ¼ है। यही

आपके प्रश्न का उत्तर है।"

"यह तो समझ में आ गया," उस व्यक्ति ने कहा, "लेकिन प्रश्न यदि तीन पुरुषों का हो तो ? हमारी खिड़की के सामने से गुजरनेवाले प्रथम तीन व्यक्ति पुरुष ही होंगे, इस घटना की संभावना क्या है ?"

"पहले की तरह इस बार भी हम विभिन्न संभावनाओं पर विचार करेंगे," गणितज्ञ ने कहा, "ऊपर हम देख चुके हैं कि दो राहगीरों के लिए विभिन्न संभावनाएं 4 हैं। एक और राहगीर को जोड़ने से संभावनाएं दोगुनी हो जाती हैं। कारण यह कि दो राहगीरों की 4 संभावनाओं में से हरेक में हम एक पुरुष या एक स्त्री जोड़ सकते हैं। अतः इस उदाहरण में 8 विभिन्न संभावनाएं हैं। जाहिर है, इस बार संभावना $1/8$ होगी – क्योंकि 8 में से केवल एक ही संभावना की हमें अपेक्षा है।"

"लेकिन संभावना निकालने का तरीका क्या है ?" एक मित्र ने गणितज्ञ से पूछा।

"संभावना निकालने का तरीका यह है : दो राहगीरों के उदाहरण में संभावना होगी, $\frac{1}{2} \times \frac{1}{2} = \frac{1}{4}$ । तीन राहगीरों के उदाहरण में संभावना होगी, $\frac{1}{2} \times \frac{1}{2} \times \frac{1}{2} = 1/8$ । आप देखेंगे कि हर बार संभावना कम होती जाती है।"

"10 राहगीरों के लिए क्या संभावना होगी ?" किसी ने पूछ दिया।

"आपका मतलब है – 'प्रथम दस राहगीर पुरुष ही होंगे, इस बात की संभावना क्या होगी?' यह होगी, $\frac{1}{2} \times \frac{1}{2} \times \frac{1}{2} \times \frac{1}{2} \times \frac{1}{2} \times \frac{1}{2} \times \frac{1}{2} \times \frac{1}{2} \times \frac{1}{2} \times \frac{1}{2} = \frac{1}{1024}$ । इस घटना पर आप

1 रुपए की शर्त लगाते हैं, तो इस घटना के घटित न होने पर मैं 1000 रुपयों की शर्त लगा सकता हूं।" गणितज्ञ ने कहा।

"शर्त तो बड़ी लुभावनी है," मंडली में से एक व्यक्ति बोल उठा, "मैं तो 1000 के लिए 1 रुपए से ज्यादा की शर्त लगा सकता हूं।"

"लेकिन यह मत भूलिए कि इस शर्त को जीतने की संभावना 1000 में सिर्फ एक है," गणितज्ञ ने कहा।

"कोई बात नहीं," शर्त बदने वाले व्यक्ति ने चहककर कहा, "1000 रुपयों के लिए 1 रुपया लगाने के लिए तो मैं इस संभावना के लिए भी तैयार हूं कि पहले 100 व्यक्ति पुरुष ही होंगे।"

"आप जानते हैं कि इस घटना की संभावना कितनी कम है ?" गणितज्ञ बोला।

"शायद दस लाख में एक।" उस व्यक्ति ने कहा।

"नहीं, इससे भी कम। दस लाख में एक तो सिर्फ 20 राहगीरों की संभावना है। प्रथम 100 राहगीर पुरुष ही होंगे, इस घटना की संभावना है :

$^{1}/_{10,00,00,00,00,00,00,00,00,00,00,00,00,00,00,000}$

"बस, इतनी ही ?" शर्त बदने वाले ने पूछा।

"क्या आप इसे कम समझते हैं ? इतनी तो समुद्र में बूंदें भी नहीं हैं।"

"खैर ! आप मेरे एक रुपए के मुकाबले कितने की शर्त लगाते हैं। ?"

"सभी कुछ। सभी कुछ – जो कुछ मेरे पास है," गणितज्ञ

ने बड़े आत्मविश्वास के साथ कहा।''

"सभी कुछ तो बहुत ज्यादा होगा। मैं अपने रुपए के बदले सिर्फ आपकी साइकिल ले लूंगा।"

"लेकिन आप यह नहीं जानते कि आप कभी जीत नहीं सकते। आपको साइकिल कभी नहीं मिलेगी," गणितज्ञ ने फिर कहा।

"नहीं, यह शर्त मत लगाओ," गणितज्ञ के मित्र ने उसको बीच में ही टोका, "एक रुपए के बदले एक साइकिल की शर्त ? यह तो सरासर पागलपन है !"

"मगर इसके मुकाबले में एक रुपए की शर्त भी पागलपन है," गणितज्ञ अपनी बात पर अड़ा रहा।

"फिर भी मेरे जीतने की कुछ तो संभावना है ही ?" शर्त लगानेवाले व्यक्ति ने मुस्कुराते हुए कहा।

"हां, सागर में एक बूंद – यही संभावना है। मैं यकीनन

जीत जाऊंगा," गणितज्ञ का उत्तर था।

इतने में बाहर से मिलिटरी के बैंड की ध्वनि सुनाई दी। थोड़ी देर बाद सबने देखा कि सिपाहियों की एक पूरी पलटन सड़क पर से गुजर रही है!

बेचारा गणितज्ञ हार गया !

तुम पूछोगे, संभावना इतनी कम होने पर भी गणितज्ञ कैसे हार गया ?

गणितज्ञ की गणितीय संभावना में कोई गलती नहीं है। संभावना आखिर संभावना ही तो है। दरअसल, शर्त जीतनेवाले ने पहले ही दूर से मिलिटरी के बैंड की आवाज सुन ली थी। इसलिए उसे विश्वास था कि जीत उसी की होगी। गणितज्ञ बेचारा गणितीय सोच में इतना डूबा हुआ था कि बैंड की तरफ उसका ध्यान ही न गया!

'संभाविता-सिद्धांत' का कुछ-न-कुछ अंदाजा तुम्हें अब हो गया होगा। तुम्हें याद होगा कि एक जुआरी के मामूली सवाल को लेकर इस विज्ञान की शुरुआत हुई। फर्मा और पास्कल के बीच इस सवाल को लेकर लंबा पत्र-व्यवहार हुआ और अंत में 'संभाविता-सिद्धांत' ने जन्म लिया।

तुम शायद आश्चर्य करोगे कि एक जुआरी के एक मामूली सवाल ने एक महत्वपूर्ण विज्ञान को कैसे जन्म दिया ? सच तो यह है कि विज्ञान के इतिहास में ऐसे उदाहरणों की कमी नहीं है। मामूली घटनाओं ने, मामूली सवालों ने, जो आरंभ में बहुत सरल मालूम होते हैं, विज्ञान को अमूल्य निधियां दी हैं।

जुआरी के जिस सवाल ने संभाविता-सिद्धांत को जन्म दिया,

वह आज अत्यंत महत्व का है। सभी प्रकार के बीमा-व्यापारों में, गणितीय सांख्यिकी में, जीव-विज्ञान में, गणनाओं और भौतिकी आदि विज्ञानों के मूल में यही संभाविता-सिद्धांत काम करता है। आधुनिक भौतिक-विज्ञान में तो यह सिद्धांत बहुत ही महत्वपूर्ण सिद्ध हुआ है।

परमाणु का नाम तुमने सुना होगा। सरल शब्दों में कहें तो परमाणु के केंद्र में एक नन्हा नाभिक होता है और उसके चारों ओर इलेक्ट्रान नामक सूक्ष्म कण तीव्र गति से चक्कर लगाते रहते हैं। इन इलेक्ट्रानों के अपने परिक्रमा-मार्ग में हम यह नहीं बतला सकते कि अमुक इलेक्ट्रान 'इस समय इस स्थान पर' है। हम केवल यही बतला सकते हैं कि इस इलेक्ट्रान की 'इस स्थान पर' होने की 'संभावना' है। आधुनिक भौतिक-विज्ञान का एक महत्वपूर्ण विषय – क्वांटम-सिद्धांत – इसी संभाविता-सिद्धांत पर आधारित है।

वास्तव में क्वांटम-सिद्धांत ने भौतिक-जगत संबंधी हमारी बहुत-सी प्राचीन मान्यताओं को बदल दिया है। इस सिद्धांत के साथ, जिसके मूल में संभाविता-सिद्धांत है, भौतिक-जगत हमारे सामने एक नए रूप में प्रकट होता जा रहा है। अब तो ऐसा लगने लगा है कि भौतिक-जगत के सभी नियम मूलतः संभाविता-सिद्धांत पर ही आधारित हैं।

लेकिन उस समय न तो पास्कल को और न फर्मा को इस बात का अंदाजा था कि जुए के एक प्रश्न से जन्म लेनेवाला उनका यह सिद्धांत आगे चलकर इतने महत्व का बन जाएगा।

12

पास्कल के संभाविता-सिद्धांत के साथ उनकी एक और खोज की चर्चा कर देना जरूरी है।

कौन-सी खोज ?

यह खोज बीजगणित से संबंधित है।

बीजगणित से तुम परिचित हो। बीजगणित में अव्यक्त संख्याओं की चर्चा रहती है। पास्कल ने संख्याओं की एक ऐसी योजना खोज निकाली, जो आज 'पास्कल का त्रिभुज' के नाम से प्रसिद्ध है। उच्च गणित की कई शाखाओं से इस संख्या-त्रिभुज का संबंध है।

आओ, इस योजना से तुम्हें भी परिचित करा दूं। यह योजना बड़ी रोचक है।

अच्छा, संख्याओं को निम्न प्रकार से लिखते जाओ :

1
1 1
1 2 1
1 3 3 1
1 4 6 4 1
1 5 10 10 5 1
1 6 15 20 15 6 1
1 7 21 35 35 21 7 1
1 8 28 56 70 56 28 8 1

कहो, तुमने कुछ देखा? तुम देख रहे हो कि यह संख्या-योजना त्रिभुज के आकार की है। तुम पूछोगे : इसकी रचना कैसे होती है?

तो सुनो ...

त्रिभुज के शीर्षबिंदु में अंक 1 है। शेष पंक्तियों में दो या दो से ज्यादा संख्याएं हैं। सबसे ऊपर की संख्या यानी 1 को छोड़कर शेष सभी पंक्तियों की संख्याएं पहले की पंक्ति की संख्याओं से प्राप्त होती हैं। इतना तो स्पष्ट ही है कि इस त्रिभुज के दोनों तिरछे कर्णों पर सिर्फ 1-1 के ही अंक रहते हैं। प्रश्न उठता है बीच के अंकों का।

उदाहरण के लिए, इस संख्या-त्रिभुज की छठी पंक्ति को ही ले लो। इसमें कुल कितने अंक हैं? गिनो। तुम पाओगे कि इसमें 6 अंक हैं। दोनों सिरों पर 1-1, और बीच में क्रमशः 5, 10, 10, 5 हैं। है न यही बात? अच्छा, अब पांचवीं पंक्ति को देखो। इसमें सिरों पर 1-1 अंक है, और बीच में 4, 6, 4 अंक हैं। छठी पंक्ति के 5 के ऊपर दाएं-बाएं 1 व 4 की संख्याएं हैं, और इन दो संख्याओं का जोड़ 5 होता है। इसी प्रकार 10 के ऊपर दाएं-बाएं 6 व 4 हैं, और इनका जोड़ भी 10 होता है। इसी प्रकार, ऊपर की पंक्ति के क्रमिक जोड़ों को जोड़ते जाने से नई पंक्ति प्राप्त होती है।

इस नियम के अनुसार अब तुम जरा 7वीं पंक्ति को निकालो।

निस्संदेह, इसमें कुल संख्याएं 7 होंगी : दोनों सिरों पर 1-1; बाएं से दाएं दूसरी संख्या होगी : 1 + 5 = 6; तीसरी

संख्या होगी : 5 + 10 = 15; चौथी संख्या होगी : 10 + 10 = 20; पांचवीं संख्या होगी : 10 + 5 = 15; छठी संख्या होगी...

कौन-सी ?

5 + 1 = 6

अब तो तुम स्वयं भी इस संख्या-त्रिभुज का निर्माण कर सकते हो !

वैसे तो गणित में इस अद्‌भुत त्रिभुज के कई उपयोग हैं, और स्वयं पास्कल ने 'संभाविता-सिद्धांत' से संबंधित गणनाओं के लिए इसकी खोज की थी। पर, लगे हाथ तुम्हें भी इसका एक उपयोग बता दूं।

बीजगणित के नीचे लिखे श्रेणी-विस्तार पर विचार करो...

$$
\begin{array}{lcl}
(\text{त})^1 & = & (1)\text{त}^1 \\
(1 + \text{त})^1 & = & (1) + (1)\text{त}^1 \\
(1 + \text{त})^2 & = & (1) + (2)\text{त} + (1)\text{त}^2 \\
(1 + \text{त})^3 & = & (1) + (3)\text{त} + (3)\text{त}^2 + (1)\text{त}^3 \\
(1 + \text{त})^4 & = & (1) + (4)\text{त} + (6)\text{त}^2 + (4)\text{त}^3 + (1)\text{त}^4 \\
\ldots & & \ldots \quad \ldots \quad \ldots \\
(1 + \text{त})^{\text{न}} & = & - \quad - \quad - \quad - \quad -
\end{array}
$$

तुम देखोगे कि ऊपर के श्रेणी-विस्तार में पदों के जो गुणक-अंक हैं, वे 'पास्कल-त्रिभुज' के ही अनुरूप हैं। इसलिए पास्कल के त्रिभुज से $(1 + \text{त})^{\text{न}}$ के श्रेणी-विस्तार का बड़ी आसानी से पता लगाया जा सकता है।

पास्कल ने संचयों (कॉम्बिनेशंस) की संख्या जानने के लिए इस विशिष्ट प्रकार के 'संख्या-त्रिभुज' का उपयोग किया। आज यह संख्या-त्रिभुज 'पास्कल का त्रिभुज' कहलाता है। परंतु चीन और भारत के गणितज्ञों को बहुत प्राचीन काल से इसकी जानकारी रही है। आज से लगभग 2000 साल पहले आचार्य पिंगल द्वारा लिखी गई 'छन्दःसूत्र' नामक पुस्तक में 'मेरु-प्रस्तार' के नाम से इस संख्या-त्रिभुज की जानकारी दी गई है। फिर आगे संचयों की संख्या जानने के लिए जैन गणितज्ञ महावीराचार्य (ईसा की नौवीं सदी) ने एक सूत्र खोज निकाला। परंतु पास्कल के समय में यूरोप के गणितज्ञों को इसकी जानकारी नहीं थी।

1	1	1	1	1	1	1	1	1	1
1	2	3	4	5	6	7	8	9	
1	3	6	10	15	21	28	36		
1	4	10	20	35	56	84			
1	5	15	35	70	126				
1	6	21	56	126					
1	7	28	84						
1	8	36							
1	9								
1									

पास्कल की मृत्यु के बाद 1665 ई. में उनकी पुस्तक 'अंकगणितीय त्रिभुज' में यह संख्या-त्रिभुज इस तरह प्रकाशित हुआ था।

पास्कल ने इस संख्या-त्रिभुज के जो कई गुणधर्म खोजे उनमें से तीन हैं :

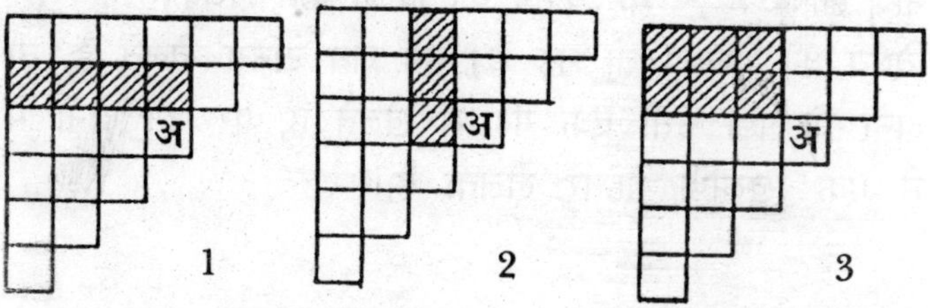

एक : इसमें प्रत्येक संख्या अ, इसके पहले की क्षैतिज पंक्ति की आरंभ से अ तक की संख्याओं के योग के बराबर होती है।

दो : इसमें प्रत्येक संख्या अ, इसके पहले के ऊर्ध्वाकार स्तंभ की आरंभ से अ तक की संख्याओं के योग के बराबर होती है।

तीन : इसमें प्रत्येक संख्या अ, इसके पहले तक की सभी क्षैतिज पंक्तियों और सभी ऊर्ध्वाकार स्तंभों से निर्मित आयत की सभी संख्याओं के योग में 'एक' को जोड़ने से बनती है। संख्या अ इस आयत के एक कोने पर रहती है।

गणित में संख्याओं के विस्तार या उनके मान को उतने महत्व का नहीं माना जाता जितना कि उनकी योजना या उनके स्वरूप को। यहां पर जो खास बात हम देखते हैं वह यह है कि पास्कल ने अंकगणित की संख्याओं को ज्यामितीय रूप दे दिया है। यही इस खोज की सबसे बड़ी विशेषता है। इस तरह, पास्कल ने उच्च बीजगणित को जन्म देकर भविष्य के महान गणितज्ञ याकोब बर्नूली (1654-1705 ई.), लियोन्हार्ड आयलर (1707-1783 ई.) आदि के लिए नई खोजों का रास्ता खोल दिया।

अपनी प्रसिद्ध पुस्तक 'पेंसी' में पास्कल ने एक बड़ी दिलचस्प बात लिखी है। उन्होंने लिखा है : "मैंने नया कुछ नहीं खोजा है – यह कहने का किसी को अधिकार नहीं है। विषय की योजना तो नई है। हम जब टेनिस खेलते हैं, तो दोनों खिलाड़ी उसी एक गेंद से खेलते हैं, पर उन दोनों में से एक खिलाड़ी बेहतर खेलता है।"

13

हम तुम्हें बतला ही चुके हैं कि सन् 1654 में पास्कल पोर्ट-रॉयल के मठ में चले गए थे। उनकी बहन जेकलीन तो पहले ही वहां पहुंच गई थी। पास्कल की आयु उस समय 31 वर्ष की थी।

पास्कल के मठ में जाकर रहने का अर्थ था – सभी सांसारिक कार्यों का त्याग कर देना। उन्होंने गणित को भी छोड़ दिया। तुम समझ सकते हो कि गणित को इससे कितनी क्षति पहुंची होगी। लेकिन एक लाभ हुआ। मठ में नियमित जीवन बिताने से पास्कल के स्वास्थ्य में कुछ सुधार हुआ।

हमारे देश में जैन मुनियों को गणित के अध्ययन की मनाही नहीं थी, बल्कि उन्हें इसके लिए प्रेरित किया जाता था। भारतीय गणित के विकास में जैन मुनियों का महत्वपूर्ण योगदान रहा है। परंतु ईसाई धर्म के यानसेन संप्रदाय की बात निराली थी। पोर्ट-रॉयल मठ में जाने पर पास्कल को गणित का अपना अध्ययन पूर्णतः त्याग देना पड़ा। जीवन के उन आठ वर्षों में गणित की खोजबीन को उन्होंने केवल आठ दिन दिए,

वह भी एक खास वजह से।

सन् 1658 की एक रात की बात है। पास्कल को मानसिक कष्टों के अलावा शारीरिक कष्ट भी थे। उसकी रातें अनिद्रा में बीततीं। दांतों का भी कष्ट था। उस जमाने में दंत-चिकित्सा आज की तरह विकसित नहीं हुई थी। दांतों में कष्ट होता तो नाई के पास जाना पड़ता था और उसी से दांत उखड़वाने पड़ते थे। उस जमाने में नाई ही डेंटिस्ट थे!

तो, एक रात की बात है। पास्कल के दांतों में असहनीय पीड़ा हो रही थी। पीड़ा के मारे उन्हें नींद नहीं आ रही थी। वह सोच रहे थे – हाय, किस प्रकार यह पीड़ा कम होगी ! बस, वह तन्मय होकर 'ज्यामिति की हेलेन' के बारे में सोचने लगे। वह अपने चित्त को कष्ट से हटाना चाहते थे। उन्हें बड़ा आश्चर्य हुआ, जब उन्होंने अनुभव किया कि पीड़ा कुछ कम हो गई है।

लेकिन यह क्या ? वह तो फिर गणित पर लौट आए हैं ! उन्होंने इस घटना का यही अर्थ निकाला कि 'ज्यामिति की हेलेन' के बारे में सोचकर उन्होंने कोई 'पाप' नहीं किया है।

अब क्या था ! पास्कल लगातार 8 दिनों तक 'ज्यामिति की हेलेन' के बारे में सोचते रहे। इससे संबंधित कई समस्याओं का हल उन्होंने खोज निकाला। जिन बातों को उन्होंने खोजा उन्हें पास्कल ने अपने नाम से प्रकाशित न करके 'आमस देतोंनविले' के नाम से प्रकाशित किया।

गणित के क्षेत्र में पास्कल की यह अंतिम खोज थी और

पोर्ट-रॉयल मठ में आने के बाद विज्ञान के लिए उनकी **यही** सबसे बड़ी देन है।

अरे तुम पूछ रहे हो : यह 'ज्यामिति की हेलेन' क्या बला है ?

तो सुनो, तुम्हें बतलाएं...

14

'हेलेन' का नाम तुमने सुना है?

निस्संदेह, यह एक स्त्री का नाम है। लेकिन जिस हेलेन की मैं चर्चा कर रहा हूं, वह आजकल की कोई हेलेन नहीं है। यह तीन हजार वर्षों से भी पहले की हेलेन है।

हेलेन एक यूनानी सुंदरी थी। वह स्पार्टा (दक्षिण यूनान का एक नगर) के राजा मेनालेउस की रानी थी। ट्रॉय नगर (क्षुद्र एशिया के समुद्र-तट पर, आधुनिक तुर्की) का राजकुमार पेरिस उसकी सुंदरता पर मोहित हो गया, तो वह उसे भगाकर ले गया। इस बात को लेकर 1260 ई.पू. के आसपास यूनानी और ट्रोजन (ट्रॉय-निवासी) लोगों में भयानक युद्ध हुआ। करीब दस वर्षों तक यह युद्ध चलता रहा। अंत में यूनानियों की विजय हुई। हेलेन को लेकर हुए इस युद्ध में हजारों सैनिक मारे गए। इतिहास में 'यूनानी-ट्रोजन युद्ध' के नाम से यह घटना प्रसिद्ध है। कवि होमर द्वारा लिखे गए प्रसिद्ध यूनानी महाकाव्य 'इलियड' में इस युद्ध का वर्णन है।

लेकिन तुम पूछोगे 'ज्यामिति की हेलेन' कौन-सी है ?

जरा सब्र करो।

किसी भी वृत्ताकृति की कल्पना करो : मान लो एक छोटा पहिया या सिक्का है। फिर उस पहिए या सिक्के की परिधि पर एक स्थिर बिंदु ले लो। अब उसे समतल भूमि पर चलाओ। सवाल है : पहिए या सिक्के की परिधि पर स्थित स्थिर बिंदु किस मार्ग में चलेगा ?

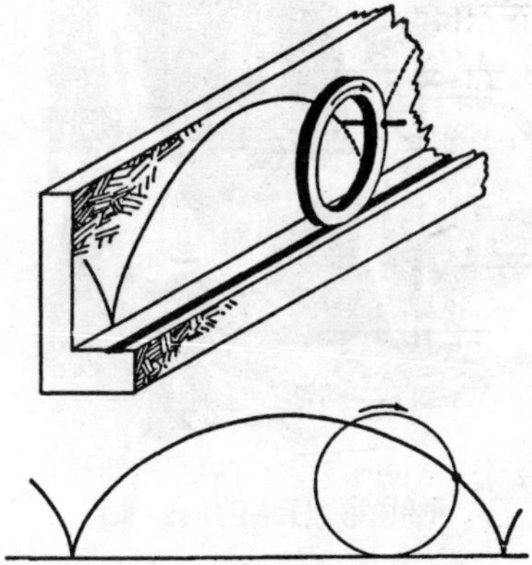

चक्रज (साइक्लॉइड) का निर्माण

तुम चाहो तो एक गोल सिक्का लेकर भी यह प्रयोग कर सकते हो। कागज पर सरल रेखा खींचकर उस पर सिक्के को चलाओ। साथ ही परिधि पर चिह्नित बिंदु के मार्ग को निर्धारित करते जाओ। तुम देखोगे कि तुम्हें एक वक्र प्राप्त होता है।

अंग्रेजी भाषा में इस वक्र को 'साइक्लॉइड' कहते हैं। हम इसे 'चक्रज' कहेंगे। 'चक्रज' का अर्थ है – चक्र यानी पहिए

से बनने वाला।

वृत्त, दीर्घवृत्त, परवलय आदि वक्रों की तरह चक्रज (साइक्लॉइड) भी एक खास वक्र है। वृत्त, दीर्घवृत्त आदि की तरह ही इस वक्र के भी अपने कुछ विशेष गुणधर्म हैं।

गैलीलियो (1564-1642 ई.)

वास्तव में पास्कल के लगभग दो सौ साल पहले ही यह वक्र ज्यामिति में प्रवेश पा चुका था। प्रसिद्ध वैज्ञानिक गैलीलियो (1564-1642 ई.) और उनके शिष्य तोरिचेल्ली और विवियानी ने भी इस वक्र का अध्ययन किया था। गैलीलियो ने ही इसे 'साइक्लॉइड' नाम दिया था। उन्होंने ही सबसे पहले सुझाव दिया था कि इस वक्र के आकार के कमानीदार पुल बनाए जा सकते हैं। जब से कंक्रीट को तैयार करना संभव हुआ है, बड़े-बड़े मार्गों पर इस वक्र के आकार के पुलों का निर्माण होने

लगा है।

लंदन शहर में एक प्रसिद्ध गिरजाघर है : सेंट पॉल का कैथेड्रल। इस गिरजाघर की योजना सर क्रिस्टफर रेन (1631-1723 ई.) ने बनाई थी। क्रिस्टफर रेन ने 'साइक्लॉइड' का अध्ययन करके इस वक्र का गुरुत्वकेंद्र मालूम किया।

'ज्यामिति की हेलेन' का जादू

प्रसिद्ध भौतिकवेत्ता हाइगेंस (1629-1693 ई.) ने तो इस वक्र का पेंडुलम घड़ियों के निर्माण के लिए इस्तेमाल किया। हाइगेंस का एक महत्वपूर्ण आविष्कार इसी 'साइक्लॉइड' वक्र से संबंधित था।

इस वक्र को किसी कटोरी की भीतरी तली के आकार में रखा जाए, तो यह 'टउटोक्रोने' कहलाएगा। हाइगेंस ने सिद्ध किया कि इस टउटोक्रोने वक्र के किसी भी स्थान पर यदि मणि रखे जाएं और गुरुत्वाकर्षण के अंतर्गत उन्हें नीचे सरकने दिया जाए तो सभी मणि सबसे नीचे के बिंदु पर आने में एक-सा समय लगाएंगे। 'टउटोक्रोने' यूनानी भाषा का शब्द है और इसका अर्थ है 'समान समय'।

और फिर पता नहीं कितने गणितज्ञों ने इस वक्र के गुणधर्मों

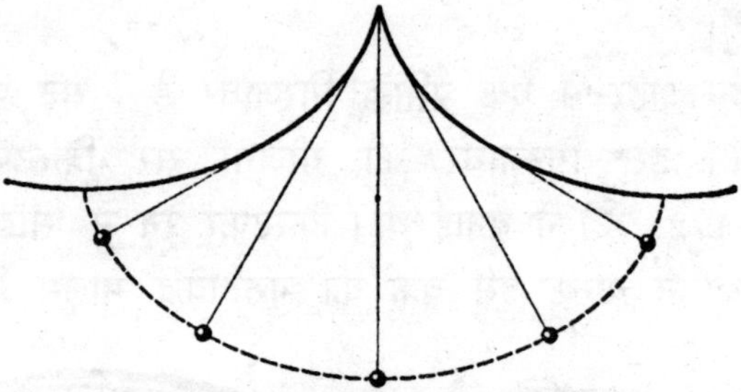

'टउटोक्रोने' वक्र

को लेकर माथापच्ची की होगी ! पता नहीं कितने गणितज्ञों ने एक-दूसरे को चुनौती दी होगी ! इसीलिए इस वक्र को 'ज्यामिति की हेलेन' का नाम दिया गया।

पास्कल भी इस 'हेलेन' से कैसे अछूते रहते। इस हेलेन ने उनके भी संयम को तोड़ दिया और लगातार आठ दिनों तक वे इस वक्र के नए-नए गुणधर्मों की खोज करते रहे।

गणित के क्षेत्र में पास्कल की यही अंतिम खोजबीन थी।

15

बचपन से ही जो व्यक्ति कमजोर रहा हो, जीवन-भर जिसने शारीरिक व मानसिक यातनाएं सही हों, अल्पायु से ही गणित की खोज के लिए जिसने अपनी रातें अनिद्रा में बिताई हों – वह आखिर कितने दिनों तक जीवित रह सकता है ?

शरीर की सामर्थ्य की भी अपनी एक सीमा होती है।

हम तुम्हें बतला ही चुके हैं कि पास्कल ने अंतिम बार सन् 1658 में गणित को छुआ। तदनंतर वह बीमार हो गए। वैसे तो जीवन-भर ही पास्कल बीमार रहे। किंतु इस बार की बीमारी अपनी अंतिम सीमा पर पहुंच चुकी थी। जो कुछ थोड़ी-बहुत नींद उन्हें आती थी, वह भी अब उनसे छिन गई। यह हाल लगभग चार वर्षों तक रहा। इन चार वर्षों में उनका जीवन बड़ा ही अस्त-व्यस्त रहा।

जून 1662 में पास्कल ने अपना मकान एक ऐसे परिवार को दे दिया जो चेचक की बीमारी से पीड़ित था। खुद अपनी विवाहित बहन गिलबर्ते के साथ रहने

चले गए। आखिर उनके कष्टमय जीवन का अंत समय आ ही गया!

19 अगस्त, 1662 को पास्कल की मृत्यु हुई।

उस समय पास्कल की आयु केवल 39 साल की थी।

16

तुम शायद पूछो : क्या पास्कल ने गणित के अतिरिक्त और भी कुछ किया है ?

हां, किया है। सच तो यह है कि फ्रांसीसी जनता में पास्कल एक गणितज्ञ से बढ़कर एक साहित्यकार के रूप में पहचाने गए।

हम तुम्हें बतला चुके हैं कि सन् 1654 में सांसारिक सुख-भोग का त्याग करके पास्कल पोर्ट-रॉयल के मठ में रहने चले गए थे।

पोर्ट-रॉयल की ही घटना है। पास्कल के एक मित्र आंत्वान आर्नो (1612-1694 ई.) यानसेन संप्रदाय के कट्टर समर्थक थे। जेसुइटों ने आर्नो को पाखंडी कहकर उन पर कई गंभीर आरोप लगाए थे। अपने मित्र की पैरवी करने के उद्देश्य से पास्कल ने 18 प्रसिद्ध पत्र (पैंफलेट) लिखे, जो 'प्रॉविंशल लेटर्स' के नाम से 1656-57 ई. में प्रकाशित हुए।

इन पत्रों का विषय बहुत ही विवादास्पद है। इनमें से पहले चार और अंतिम दो पत्रों में यानसेन संप्रदाय का पक्ष प्रस्तुत किया गया है। शेष पत्रों में जेसुइट

संप्रदायवालों के आचार-विचार पर जबर्दस्त हमला किया गया है। इतना जबर्दस्त हमला कि कुछ लोगों के मत में जेसुइट संप्रदायवाले अभी तक इससे अपनी रक्षा नहीं कर पाए हैं। कुछ धार्मिक लोगों की तो यहां तक मान्यता रही है कि इन 'प्रॉविंशल लेटर्स' में कोई 'जादू' ही निहित है। इन पत्रों ने जेसुइटों पर जहर-जैसा असर किया।

जो भी हो, इन पत्रों की भाषा इतनी प्रभावशाली है कि पास्कल फ्रांसीसी भाषा के एक श्रेष्ठ गद्यशैलीकार माने गए।

उपर्युक्त पत्रों को लिखने के बाद पास्कल को 'ईसाई धर्म से क्षमा-याचना' लिखने की इच्छा हुई। परंतु खराब स्वास्थ्य के कारण वह अपनी इस योजना को पूरा नहीं कर पाए। इस योजना के लिए पास्कल ने जो टिप्पणियां (नोट्स) तैयार की थीं वे ही उनकी मृत्यु के बाद 'पेंसीस' के नाम से प्रकाशित हुईं। 'पेंसीस' का अर्थ है – 'विचार'।

विचारमग्न पास्कल

पास्कल ने गणित के अलावा जो कुछ भी कार्य किया वह सब धार्मिक रहस्यवाद से सराबोर है।

लेकिन इसके अलावा इन रचनाओं का खास साहित्यिक महत्व है। पास्कल की भाषा इतनी प्रभावशाली है कि वह हर पाठक को मोह लेती है। इसीलिए आज भी पास्कल को बड़े उत्साह से पढ़ा जाता है; इसीलिए जनसाधारण में पास्कल फ्रांसीसी गद्य के एक निर्माता के रूप में जाने जाते हैं।

17

पास्कल की जीवनी तुमने पढ़ डाली। पास्कल के गणितीय आविष्कारों से संबंधित कुछ बातें शायद तुम्हारी समझ में न आई हों, विशेषकर गणित की बातें।

यह भी संभव है कि किसी साहित्यकार, चित्रकार या समाज-सुधारक की जीवनी की तरह पास्कल की इस जीवनी ने तुम्हारा मनोरंजन न किया हो। पर यह मत भूलो कि तुमने संसार के एक महान गणितज्ञ का परिचय प्राप्त किया है। किसी कहानी-उपन्यास को पढ़ने में और गणित के प्रश्न हल करने में क्या तुम्हें एक-सा ही आनंद आता है ? गणित के प्रश्नों को हल करते समय तुम्हें अधिक दिमाग लगाना पड़ता है, यह तुम जानते ही हो।

पास्कल ही क्यों, किसी भी महान गणितज्ञ की महानता उसके आविष्कारों में निहित है। किसी महान कृति का निर्माण करने के लिए साहित्यकार को जिस तरह समाज और मनुष्य के अंतरंगों तक पहुंचना पड़ता है, उसी प्रकार गणितज्ञ को प्रकृति के गूढ़तम रहस्यों

तक पहुंचने के लिए अक्सर सामाजिक आवरण को ठुकरा देना पड़ता है। पास्कल के सामाजिक जीवन के गुण-दोषों की अपेक्षा उनके वैज्ञानिक आविष्कार कहीं ज्यादा महत्वपूर्ण हैं।

19वीं सदी के आरंभिक दौर के यूरोप के जुआरियों का एक व्यंग्यचित्र

क्या तुम्हें इस बात का आश्चर्य नहीं होता है कि 12 वर्ष का एक बालक, किसी की सहायता के बिना, स्वयं ही यूक्लिड के कई प्रमेयों को सिद्ध करता है ? क्या तुम्हें इस बात पर आश्चर्य नहीं होता कि 16 साल का एक अस्वस्थ तरुण 'रहस्यमय षड्भुज' जैसे अद्भुत प्रमेय की सृष्टि करके, 'शांकवों पर निबंध' लिखकर, गणित में एक नई शाखा की सृष्टि करता है ? 'प्रक्षेप ज्यामिति' को जन्म देकर पास्कल ने विज्ञान के मार्ग को कितना प्रशस्त किया है, यह विज्ञान का विद्यार्थी ही

समझ सकता है।

और फिर, जुआरी के उस सवाल ने तो हमारे विज्ञान-भवन की नींव को ही हिला दिया। शताब्दियों तक बड़े-बड़े दार्शनिकों की यह मान्यता रही है कि प्रकृति के समस्त कार्य-कलाप पहले से निर्धारित किए जा सकते हैं। हम गणित की सहायता से यह पहले ही निर्धारित कर सकते हैं कि चंद्रमा, पृथ्वी के चारों ओर अपने परिक्रमा-मार्ग में अमुक समय में अमुक स्थान पर रहेगा।

पर यह हुई विशाल-जगत की बात। सूक्ष्म-जगत – परमाणु-जगत – में 'गति' एवं 'स्थिति' को एकसाथ निर्धारित करना संभव नहीं। एक को निर्धारित करने पर हम दूसरे की केवल 'संभावना' ही बतला सकते हैं। पास्कल का 'संभाविता-सिद्धांत' महज एक कोरा गणितीय सिद्धांत नहीं है। यह प्रकृति की लीलाओं के मूल में पैठा हुआ है। 'क्वांटम सिद्धांत' से लेकर ज्ञान-मीमांसा तक इस संभाविता-सिद्धांत का विस्तार है।

आज का युग विशेषज्ञों का युग है – कम-और-कम के बारे में अधिक-और-अधिक जानने का युग है। आज के वैज्ञानिक के लिए यह संभव है ही नहीं कि वह विज्ञान के विविध अंगों का अध्ययन करके सभी में कुछ-न-कुछ नया खोज निकाले। एक ओर जहां वह 'प्रक्षेपीय ज्यामिति' और 'संभाविता-सिद्धांत' जैसे शुद्ध गणित की सृष्टि करने में समर्थ थे, वहां दूसरी ओर वह 'गणक-यंत्र' और 'बैरोमीटर' जैसे यांत्रिक आविष्कार भी कर सकते थे। शुद्ध एवं उपयोगी, दोनों ही क्षेत्रों में महत्वपूर्ण आविष्कार करके पास्कल ने विज्ञान के भंडार को समृद्ध किया।

सामान्यतः हम मान लेते हैं कि स्वस्थ शरीर में ही स्वस्थ मस्तिष्क निवास करता है। किंतु पास्कल को स्वस्थ शरीर नहीं मिल पाया। जीवन-भर वह अजीर्ण और अनिद्रा से पीड़ित रहे। पास्कल के जीवन के इस पक्ष पर सहृदयता से विचार किया जाए तो आश्चर्य होता है कि वह यह सब कुछ कैसे कर पाए।

पास्कल ने इस संसार में केवल 39 वर्षों तक सांस ली। सन् 1654 में वह पोर्ट-रॉयल में चले गए थे। उसके बाद जीवन के अंतिम दिनों तक, बीच के केवल 8 दिनों को छोड़कर, पास्कल ने गणित को हाथ भी नहीं लगाया। अतः हम कह सकते हैं कि गणितज्ञ पास्कल की मृत्यु, 31 वर्ष की आयु में, 1654 ई. में ही हो गई थी।

इन 8 वर्षों में गणित के हिस्से में तो केवल 8 ही दिन आए और गणित को 'ज्यामिति की हेलेन' के नए गुणों की प्राप्ति हुई, परंतु फ्रांसीसी साहित्य को नई गद्य-शैली मिल गई। 'पेंसीस' और 'प्रॉविंशल लेटर्स' फ्रांसीसी साहित्य की अमर कृतियां मानी जाती हैं।

धर्म को लेकर पास्कल की सोच का दायरा भले ही सीमित रहा हो, परंतु विज्ञान की दृष्टि से उनके आविष्कारों का महत्व बहुत व्यापक है। आधुनिक कंप्यूटर, वायुयान, ऊंचाई-मापक यंत्र, हाइड्रॉलिक मशीनें, और ज्यामिति, संभाविता-सिद्धांत, प्रक्षेप-सिद्धांत एवं कलन-गणित के क्षेत्र के अपने आधारभूत आविष्कारों के कारण पास्कल, न केवल फ्रांस के, अपितु विश्व के एक महामानव बन गए।

संक्षिप्त जीवनक्रम

जन्म : 19 जून, 1623।

पिता : एतियेन पास्कल।

माता : आंतोनीता बेगा।

बहनें : गिलबर्ते और जेकलीन

शिक्षा : बचपन में पिता की देख-रेख में शिक्षा। ज्यामिति की ओर विशेष आकर्षण। 12-14 वर्ष की आयु में स्वतः ज्यामिति के प्रमेयों को सिद्ध करने की लगन।

1639 : 'रहस्यमय षड्भुज' की खोज, 'शांकवों पर निबंध' की रचना।

1642 : 'गणक-यंत्र' का निर्माण।

1646 : यानसेन संप्रदाय में दीक्षा।

1647 : पेरिस में। 'प्राइ द दोमे' पर चढ़कर बैरोमीटर का प्रयोग। दार्शनिक-गणितज्ञ रेने दकार्त से मुलाकात।

1651 : सितंबर महीने में पिता की मृत्यु।

1653-54 : गहन वैज्ञानिक अध्ययन और चिंतन।

1655 : 7 जनवरी को पोर्ट-रॉयल के मठ में जाकर जीवन बिताने का निर्णय।

1656 : 27 जनवरी से 'प्राविंशल लेटर्स' का प्रकाशन।

1658 : लगातार 8 दिन तक 'ज्यामिति की हेलेन' की समस्याएं सुलझाने में व्यस्त।

मृत्यु : 9 अगस्त, 1662

●●●